MÉMOIRE

SUR LE

PENDULE ET LE BALANCIER

CONSIDÉRÉS COMME

RÉGULATEURS DES INSTRUMENTS A MESURER LE TEMPS

RENFERMANT

LES RÉSULTATS D'UN GRAND NOMBRE D'EXPÉRIENCES

SUR LES RÉSISTANCES QUE L'AIR OPPOSE A LA MARCHE DU PENDULE
SUR LE POIDS ET LA LONGUEUR QU'IL CONVIENT DE LEUR DONNER
ET SUR LA FORCE MOTRICE ABSORBÉE PAR LE MOUVEMENT DE CES PENDULES

PAR J. WAGNER, NEVEU

EX-HORLOGER DE S. M. L'EMPEREUR

SUIVI D'UN

MÉMOIRE SUR LES ÉCHAPPEMENTS SIMPLES

USITÉS EN HORLOGERIE

Publié en 1847 par le même auteur

PARIS

TYPOGRAPHIE DE CH. MARÉCHAL

Rue Fontaine-au-Roi, 18

1867

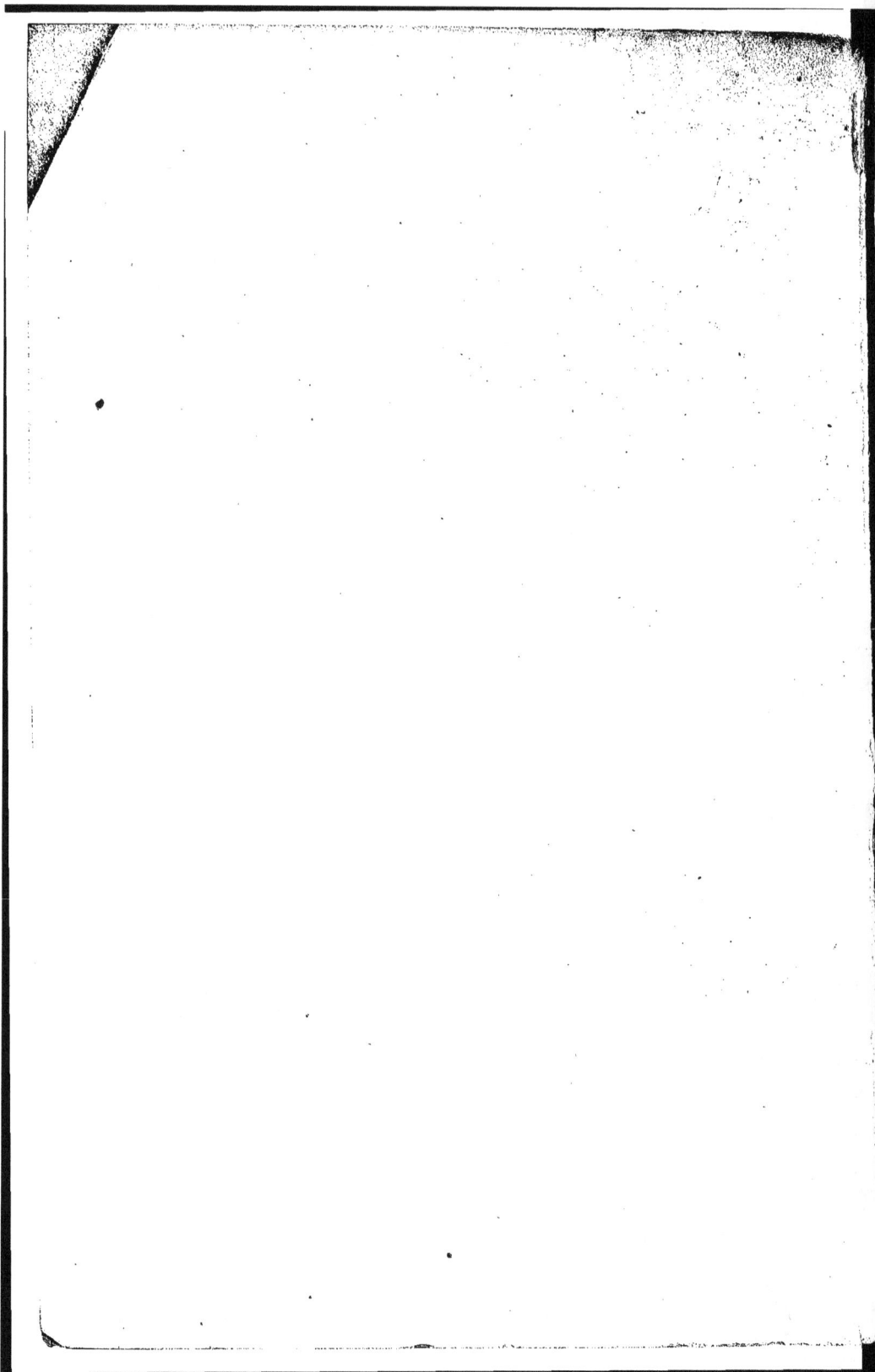

MÉMOIRE

SUR

LE PENDULE

ET

LE BALANCIER

CONSIDÉRÉS COMME

RÉGULATEURS DES INSTRUMENTS A MESURER LE TEMPS

RENFERMANT

LES RÉSULTATS D'UN GRAND NOMBRE D'EXPÉRIENCES

SUR LES RÉSISTANCES QUE L'AIR OPPOSE A LA MARCHE DU PENDULE
SUR LE POIDS ET LA LONGUEUR QU'IL CONVIENT DE LEUR DONNER
ET SUR LA FORCE MOTRICE ABSORBÉE PAR LE MOUVEMENT DE CES PENDULES

PAR J. WAGNER NEVEU

EX-HORLOGER DE S. M. L'EMPEREUR

SUIVI D'UN

MÉMOIRE SUR LES ÉCHAPPEMENTS SIMPLES

USITÉS EN HORLOGERIE

Publié en 1847 par le même auteur

PARIS

TYPOGRAPHIE DE CH. MARÉCHAL

Rue Fontaine-au-Roi, 18

—

1867

17926

©

MÉMOIRE

SUR

LE PENDULE ET LE BALANCIER

CONSIDÉRÉS COMME

RÉGULATEURS DES INSTRUMENTS A MESURER LE TEMPS

L'emploi du pendule pour les observations astronomiques remonte à un très grand nombre d'années; vers le milieu du seizième siècle, Galilée ayant découvert les relations qui existent entre la chute des corps et les oscillations d'un pendule, en déduisit cette loi : que la durée des oscillations des pendules, c'est-à-dire les temps battus par ces pendules sont entre eux comme les racines carrées de leurs longueurs. Il est entendu qu'il ne s'agit ici que de pendules simples, c'est-à-dire de pendules suspendus à des fils immatériels, dont toute la masse serait réunie en un seul point, et qui oscilleraient dans le vide! Or c'est là une abstraction, le pendule simple n'existe pas et ne saurait exister.

Quelques années plus tard, Huyghens fit l'application du pendule à l'horlogerie, c'est-à-dire qu'il en fit un régulateur du mécanisme destiné à mesurer le temps, il fut alors obligé d'étudier le pendule composé, le pendule tel qu'il se présente pratiquement, ayant un certain poids réparti entre la tige et la lentille, ayant alors une surface qui éprouve une résistance en se mouvant dans l'air et non dans le vide ; on lui doit diverses études sur les centres de suspension, sur les centres d'oscillation, sur les centres de gravité, qui ont jeté un grand jour sur cette partie de la mécanique.

Depuis lors, des savants et des artistes distingués tels que Lalande, Borda, Berthoud, Leroy, etc., ont continué ces recherches et les ont complétées, l'isochronisme des oscillations du pendule a surtout été l'objet d'études fort sérieuses qui ont amené l'horlogerie de précision au degré de perfection où nous la voyons aujourd'hui.

Les altérations qu'éprouvent les oscillations des pendules proprement dit sont dues essentiellement au frottement de la suspension, et à la résistance de l'air; l'un augmente avec le poids du pendule, et l'autre avec sa surface et avec l'espace qu'il parcourt, c'est-à-dire avec l'amplitude des oscillations.

La théorie pure indique que pour des petits arcs, les différences d'amplitude sont presque sans action sur la durée des oscillations, conséquemment, que c'est dans ces conditions qu'on peut obtenir l'isochronisme le plus approché, mais alors, il faudrait que le pendule se mût dans un milieu parfaitement calme, à l'abri de toute trépidation du sol, de toute agitation de l'air, car les moindres vibrations troublent ces petites oscillations, la moindre chose rend le mouvement hésitant et arrête le pendule, dès lors, ce que la théorie recommande ne peut entrer dans la pratique, le mieux ici s'éloigne du bien, et bon gré, mal gré, il faut, pour obtenir un mouvement régulier et continu, donner aux oscillations environ trois ou quatre degrés d'amplitude, de chaque côté de la verticale.

Tout le monde est d'accord pour reconnaître que l'air, tant par frottement que par déplacement, nuit au mouvement d'un pendule, mais je ne connais aucun auteur qui ait étudié cette résistance au double point de vue de la densité de l'air, c'est-à-dire de la pression atmosphérique indiquée par le baromètre, et de l'espace parcouru par le pendule dans ce milieu plus ou moins résistant, en tenant compte de la surface dudit pendule. Il y a cependant, de ces diverses parts, des absorptions de la force du moteur qui jouent un rôle important dans la marche des pièces d'horlogerie. C'est cette question, très complexe d'ailleurs, que j'ai voulu résoudre, ainsi qu'il sera dit ci-après.

Les horlogers les plus habiles sont encore divisés sur la question de avoir s'il convient mieux d'employer des pendules longs ou courts, aussi sur le poids à donner à ces pendules en vue de l'exactitude de la marche et de la force motrice à dépenser pour maintenir les oscillations à une amplitude donnée.

Ces diverses questions dépendent plus qu'on ne le pense de celle que j'ai tenté de résoudre, en sorte que les résultats que j'ai obtenus pourront fixer les opinions; en effet, à égalité d'amplitude (même nombre de degrés) les pendules les plus longs sont ceux qui parcourent les espaces les plus grands, or la résistance de l'air croît avec l'espace parcouru.

De même encore, si un pendule est plus pesant, plus volumineux qu'un autre, les formes étant semblables, sa surface est plus grande, il déplace donc plus d'air dans son mouvement, conséquemment il éprouve une plus grande résistance, d'où une plus grande dépense de force motrice, cela est évident.

C'est par une étude attentive et raisonnée de ces diverses actions que j'ai déterminé :

1° L'influence de la résistance de l'air sur toutes les pièces mises en mouvement ;

2° Les intensités de cette influence suivant l'amplitude ou parcours des pièces en mouvement ;

3° La force motrice à dépenser pour que les oscillations conservent la même amplitude ;

4° La force d'impulsion réglée sur l'amplitude donnée à l'oscillation ;

5° Enfin les rapports à établir entre les longueurs, poids et formes des pendules, pour obtenir les meilleurs résultats, c'est-à-dire la meilleure marche possible des pièces d'horlogerie.

Je ne suis parvenu à ces résultats qu'après plusieurs années d'expériences, car chacune a dû être répétée bien des fois et se poursuivre longtemps, afin d'obtenir toute l'exactitude qui convient en pareille matière. C'est donc ce travail que je viens soumettre à l'examen des savants et des artistes qui s'occupent d'horlogerie, persuadé qu'ils y trouveront matière à réfléchir, et qu'ils en tireront des conséquences utiles et avantageuses.

Des résistances de l'air.

Si les pièces en mouvement s'agitaient dans le vide, si leur mode de suspension, à flexion, ou à glissement, ou à roulement, ne donnait aucun frottement, elles se mouveraient indéfiniment et uniformément, mais tout ce que peut faire l'homme est bien loin de ces conditions.

Il a à lutter contre une foule de résistances passives, ce qui explique l'imperfection de ses produits et l'irrégularité des résultats.

Ainsi, pour ne nous occuper que du pendule qui est le régulateur ou mesureur du temps, il faut, tout en restant au même point du globe terrestre, compenser ses variations de longueur, dues à des changements incessants de la température ; sans cela, ses oscillations seraient d'inégales durées. Il faut encore tenir compte des variations de densité et dès lors de pression de l'atmosphère, indiquées par le baromètre, lesquelles apportent des résistances variables, et par suite, des dépenses de la force motrice également variables, c'est de ces derniers accidents dont je vais m'occuper spécialement, pour en déterminer l'intensité dans toutes les conditions.

Pour atteindre ce but, j'ai éliminé tout mécanisme afin de n'avoir affaire qu'au pendule, conséquemment, je n'ai à tenir compte que des frottements de la suspension, et des résistances que l'air oppose à son mouvement suivant qu'il a tel ou tel poids, telle ou telle longueur, telle ou telle surface, et que ses oscillations ont telle ou telle amplitude.

Voulant écarter toute cause d'erreur, j'ai dû expérimenter de manière à ne craindre aucune perturbation accidentelle; en conséquence, le support des pendules a été solidement fixé contre un gros mur à l'abri de toute vibration; ces pendules étaient en parfaite liberté et oscillaient parallèlement à ce mur, dans un cabinet bien clos où l'air ne pouvait recevoir aucune agitation du dehors.

Derrière le pendule et aussi près que possible, j'ai placé un tableau plan sur lequel a été tracé une verticale C A (figure 1re) passant par le centre de suspension du pendule et descendant jusqu'au bas de ce tableau, c'est-à-dire un peu au-dessous du bord inférieur de la lentille du pendule le plus long que j'aie expérimenté, lequel battait des secondes.

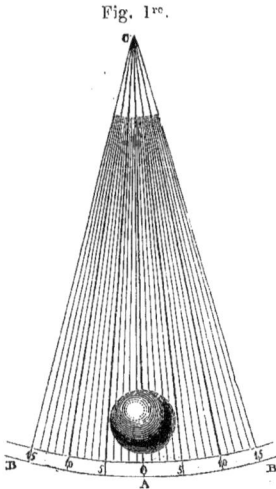

Fig. 1re.

Du centre de suspension C, et d'un rayon C A, un peu plus long que le susdit pendule, on a tracé un arc de cercle B B, qui a été divisé en degrés et parties de degrés, en partant de la verticale; de chaque côté de cette verticale, on a marqué 15 degrés à droite et 15 degrés à gauche, ainsi qu'il est représenté sur la figure 1re, puis par les points de division de chaque degré, on a mené des droites jusqu'au centre C de la suspension, afin que le même tableau pût servir pour toutes les longueurs des pendules à expérimenter.

Le support du pendule était disposé pour recevoir indistinctement une suspension à couteau ou une suspension à ressort, afin d'expérimenter l'une et l'autre, mais je dois dire de suite que les résultats obtenus ne diffèrent pas sensiblement les uns des autres, lorsque les couteaux sont en très bon état, et que les lames de suspension sont très flexibles.

La 1re série d'expériences a été faite avec une suspension à couteau.

Voulant autant que possible expérimenter dans les conditions les plus rapprochées du pendule théorique, dit pendule simple, j'ai fait les tiges des pendules en acier rond tiré, d'un millimètre de diamètre seulement, et j'ai employé successivement quatre lentilles circulaires à faces planes, verticales et parallèles au plan d'oscillation, elles étaient de même poids, mais leurs surfaces extérieures étaient entre elles comme les nombres 1, 2, 4, 8. Pour atteindre plus facilement le but, j'ai fait ces lentilles avec des métaux de densités différentes, tels que fer, cuivre, plomb, etc.

En donnant à chacun de ces pendules de même longueur et de même poids, *une même impulsion,* c'est-à-dire une même force motrice, j'ai pu constater en combien de temps (heures, minutes et secondes), et dès lors en combien d'oscillations le mouvement donné était détruit, soit en partie, soit en totalité.

Il était facile de donner la même impulsion en élevant le pendule du même nombre de degrés au delà de la verticale ; je l'élevais d'un peu plus de 6 degrés, mais je ne commençais à noter l'heure que du moment ou l'amplitude de l'oscillation était exactement de 6 degrés de chaque côté de la verticale.

Opérant ainsi, j'ai pu non-seulement constater la durée totale de l'absorption du mouvement donné au pendule, c'est-à-dire le temps écoulé depuis le commencement jusqu'à l'arrêt de ce pendule. mais j'ai pu aussi fractionner les résultats : ainsi, je notais quand l'oscillation avait perdu un degré d'amplitude, c'est-à-dire l'heure à laquelle cette amplitude n'était plus que de 5 degrés, puis l'heure à laquelle elle n'était plus que de 4 degrés, et ainsi de suite jusqu'à la fin du mouvement.

Ces résultats donnent la mesure des résistances de l'air eu égard aux surfaces des pendules et à l'espace parcouru par la lentille à chaque oscillation ; elles font alors connaître quelle force un moteur doit développer pour résister à ces actions afin d'entretenir une amplitude constante des oscillations.

Chacune des expériences dont je vais donner les résultats, a été faite un grand nombre de fois, afin de corriger les petites perturbations apportées par les changements de température, de pression atmosphérique, enfin pour avoir une moyenne vraie, au point de vue pratique.

La première série d'expériences a été faite avec le pendule N° 1, il bat la seconde, sa lentille pèse 1,200 grammes et la surface de cette lentille est de 286,25 centimètres carrés.

Elle a donné les résultats suivants :

1er TABLEAU.

L'AMPLITUDE DES OSCILLATIONS ÉTAIT		L'AMPLITUDE EST DONC DESCENDUE	
De 6 degrés à	12ʰ »'	De 6 à 5 degrés en	12'
De 5 —	12 12	De 5 à 4 —	16
De 4 —	12 28	De 4 à 3 —	25
De 3 —	12 53	De 3 à 2 —	36
De 2 —	1 29	De 2 à 1 —	70
De 1 —	2 39	De 1 à 0 —	390
De 0 —	9 9		

A 9ʰ 9' l'arrêt n'était pas complet, l'oscillation était encore de 1/30 de degré environ, mais alors elle était presque imperceptible, l'arrêt complet du pendule n'a eu lieu que 2^h 30' plus tard.

Puisque le pendule battait les secondes, si l'on veut trouver le nombre d'oscillations qui absorbent telle ou telle partie de la force motrice, il n'y a qu'à multiplier par 60 le nombre de minutes correspondant à cette période, ce qui n'offre aucune difficulté.

Il est facile de reconnaître, en examinant le précédent tableau, quelle influence exerce l'amplitude des oscillations sur la marche du pendule; si les amplitudes restaient les mêmes, les résistances de l'air seraient invariables et les pertes de force motrice seraient proportionelles aux nombres d'oscillations; dès lors, toutes les minutes le pendule perdrait la même quantité de mouvement, mais il n'en a pas été ainsi, attendu que les amplitudes allaient en décroissant. Nous voyons qu'en 12 minutes le pendule a perdu un degré d'amplitude quand celle-ci était en moyenne de 5 1/2 degrés, tandis qu'il faut 36 minutes pour qu'il perde encore un degré d'amplitude lorsque cette amplitude n'est plus moyennement que de 2 degrés 1/2.

Ces effets étaient faciles à prévoir, mais il était utile d'en avoir la mesure.

Les résistances que l'air oppose aux oscillations d'un pendule sont de deux sortes, le mouvement communiqué à l'air déplacé, et le frottement du pendule contre l'air qui le presse en tout sens. A cause de l'élasticité de l'air, ces deux genres de résistances se confondent, et il est fort difficile de faire la part de chacune, car les molécules, repoussées par le pendule, glissent à droite et à gauche, sans prendre toute la vitesse du pendule; de là une résistance mixte.

Dans tous les cas, il est évident que cette résistance est proportionnelle à la surface qui est pressée par l'air et qui le déplace, à l'espace parcouru par cette surface, et à la densité de l'air déplacé; dès lors, plus l'amplitude de l'oscillation est grande et plus est grande aussi la perte de force du pendule.

Les deux faces de la lentille parallèles au plan d'oscillation, ne déplacent pas l'air en se mouvant, mais elles glissent contre cet air qui les presse, il y a donc un frottement qui a pour mesure une certaine fraction de la pression totale, multiplié par l'espace parcouru.

Ainsi les deux résistances s'ajoutent et toutes deux sont en raison directe de la surface de la lentille et de l'amplitude de l'oscillation, voilà ce qu'il ne faut pas perdre de vue.

Il y a la plus grande analogie entre ces actions et les frottements ordinaires dans les machines, ainsi toute pièce portée sur un pivot et qui se meut, absorbe une certaine force par le frottement du pivot; si l'on double le diamètre de ce pivot, la force absorbée est également doublée, parce que la surface du pivot parcourt un espace double.

Les résultats d'expériences consignés au tableau qui précède justifient pleinement tout ce que nous venons de dire ; il demeure donc acquis, que pour les pendules, les forces absorbées par les résistances de l'air sont en raison directe des surfaces mobiles et des espaces parcourus.

Certains chiffres du susdit tableau s'écartent quelque peu des proportionnalités indiquées ; mais ces écarts, fort petits, doivent être attribués à ce que dans les mouvements très lents les molécules de l'air restent adhérentes au pendule, et alors les frottements n'ont lieu qu'entre les molécules de l'air seulement.

Dans son traité d'horlogerie, au 2e volume, page 448, M. Moinet dit :
« La résistance de l'air, proportionnelle à son poids variable, contribue « aussi à retarder les oscillations ; mais d'après les expériences et les « calculs de feu Bessel, cet effet est tellement minime qu'on peut le « négliger sans crainte, surtout si la boîte de l'horloge astronomique est « vaste et large, et si on ne l'ouvre pas souvent. »

Les conclusions de M. Bessel ne sont certainement pas exactes, et ce qu'il dit des boîtes d'horloges ne se comprend pas. Nulle boîte n'est assez hermétiquement fermée pour que les variations de la pression atmosphérique ne s'y fassent pas immédiatement sentir, conséquemment, que ces boîtes soient petites ou grandes, les résultats seront absolument les mêmes relativement aux résistances que l'air oppose à la marche du pendule.

Lalande dit que les oscillations de 1 à 2 degrés d'amplitude sont à bien peu près isochrônes, et il ajoute qu'au delà de cette amplitude le mouvement du pendule retarde ; il a même calculé ces retards pour chaque degré d'amplitude en plus. Tout ceci est parfaitement exact, mais il ne faut pas perdre de vue, que plus on réduit l'amplitude et plus on rend le mouvement du pendule incertain ; la moindre vibration du sol ou de l'air en altère la marche, il ne convient donc pas, dans la pratique ordinaire, de réduire autant les amplitudes si l'on veut avoir une marche sûre.

Beaucoup d'horlogers de notre époque prétendent obtenir l'isochronisme des oscillations du pendule dans certaines formes de l'échappement, dont les frottements, disent-ils, établissent les compensations nécessaires ; certes il font fausse route, car il est prouvé que l'air seul retarde le pendule en raison de l'amplitude de l'oscillation ; dès lors, si à cette cause de ralentissement on ajoute encore certain frottement de l'échappement, le retard ne peut manquer d'être augmenté, c'est-à-dire, que le mal est empiré au lieu d'être amoindri.

Maintenant que les causes du retard des pendules sont connues, nous allons compléter ces recherches par d'autres expériences dont les résultats comparés permettront de calculer ces actions nuisibles, et par suite d'en déduire, sinon des moyens de les prévenir, du moins des palliatifs rationnels et d'un effet certain.

J'ai déjà dit que j'avais expérimenté quatre pendules de même longueur, de même poids, mais dont les lentilles avaient des surfaces entre elles :: 1 : 2 : 4 : 8.

J'ai donc fait les mêmes expériences avec ces quatre pendules, réglés pour battre la seconde, et dont. les lentilles pèsent chacune 1,200 grammes.

La surface extérieure de la lentille n° 1 est de 286,25 centimètres carrés.

—	—	n° 2 —	572,50	—
—	—	n° 3 —	1,145,00	—
—	—	n° 4 —	2,290,00	—

Voici les résultats obtenus :

2° TABLEAU.

L'AMPLITUDE DES OSCILLATIONS EST DESCENDUE	NOMBRE DE MINUTES POUR CHAQUE DEGRÉ PERDU				OBSERVATIONS
	Pendule N° 1	Pendule N° 2	Pendule N° 3	Pendule N° 4	
De 6 degrés à 5 degrés ..	11' ''	9 30	7 ''	4 30	Pour chaque pendule on a noté l'heure, non pas au moment où le pendule était complétement arrêté, mais quand l'amplitude n'était plus que d'environ 1/30 de degré. A partir de ce moment, la marche est hésitante et incertaine.
— 5 — à 4 — ..	16 »	13 »	8 30	6 15	
— 4 — à 3 — ..	25 »	18 »	13 »	8 15	
— 3 — à 2 — ..	36 »	26 »	18 »	12 »	
— 2 — à 1 — ..	70 »	60 »	35 »	25 »	
— 1 — à 0 — ..	380 »	240 »	180 »	100 »	
	538 »	366 30	261 30	156 »	

Ainsi, pour que l'amplitude soit réduite de 6 à 5 degrés, le pendule n° 1 a oscillé 11', celui n° 2 pendant 9' 1/2, celui n° 3 pendant 7', et celui n° 4 pendant 4' 1/2, et pour perdre encore un degré d'amplitude, soit de 4 à 3 degrés, soit de 2 à 1, les temps employés par chacun des quatre pendules ont été à fort peu près dans le même rapport.

On remarque encore que les pendules n° 1 et n° 3 dont les surfaces sont entre elles :: 1 : 4, perdent les mêmes quantités d'amplitude dans des temps qui sont entre eux à bien près :: 2 : 1.

Ainsi, le pendule n° 1 perd son 6° degré en 11', et le pendule n° 3 le perd en 7'. Le pendule n° 1 perd son 3° degré en 36', et le pendule n° 3 le perd en 18'.

Les mêmes rapports ont lieu pour les pendules n° 2 et n° 4, dont les surfaces sont également entre elles :: 1 : 4.

Ces résultats indiquent, qu'à part quelques différences insignifiantes et qui peuvent dépendre de la suspension, les résistances que l'air oppose au mouvement des pendules de même longueur et même poids, sont entre elles comme les racines carrées des surfaces des lentilles de ces pendules.

Si on expérimente les pendules n° 1 et n° 4, dont les lentilles ont exactement le même poids, mais dont les surfaces sont 286,25 et 2,290 centimètres carrés, lorsqu'on aura réglé leurs longueurs pour qu'ils battent la seconde tous deux, on trouvera que le pendule dont la surface est 8 fois celle de l'autre, sera de 25 millimètres plus court; ainsi, l'accélération résultant de cette moindre longueur, est compensée par le retard dû à la plus grande résistance de l'air.

Pour maintenir les oscillations d'un pendule à une amplitude donnée, il faut évidemment augmenter la force qui le meut, en raison inverse du temps pendant lequel il perdrait un degré d'amplitude; ainsi, s'il fallait 36 unités de poids moteur (gramme, décagramme ou kilogramme) pour conserver l'amplitude de 6 degrés au pendule n° 1, il ne faudrait que 12 unités de poids pour lui conserver l'amplitude de 3 degrés.

Pour le pendule n° 3, s'il faut 18 grammes de poids moteur pour lui conserver l'amplitude de 6 degrés, il n'en faudra que 7 pour lui conserver celle de 3 degrés.

En d'autres termes, pour maintenir un pendule à une amplitude donnée, il faut donner au poids moteur une valeur en raison directe de cette amplitude; ainsi, quand pour une amplitude de 2 degrés il faut une force de 2, pour une amplitude de 6 degrés il faut théoriquement une force de 6, et ainsi de suite.

Nous ne parlons ici que des variations de forces nécessitées par la résistance de l'air au mouvement du pendule; quant à celles qui dépendent du mécanisme des pièces d'horlogerie, nous ne nous en occupons pas pour le moment.

Il est beaucoup d'anciennes horloges monumentales, et même des pièces d'intérieur, dont les oscillations du pendule ont des amplitudes énormes, 20 et 25 degrés de chaque côté quelquefois; on conçoit que pour maintenir des amplitudes aussi exagérées, il faut des forces motrices considérables, ce qui est toujours une faute grave en horlogerie.

Il y a des horlogers qui attribuent cette nécessité d'une grande force motrice à la nature de l'échappement, et comme dans la plupart de ces anciennes pièces, on employait l'échappement à palettes, attribuant aux frottements de l'échappement ce qui est dû à la résistance de l'air, ils en concluent que l'échappement à palettes doit être rejeté, parce qu'il exige plus de force que tous les autres.

C'est une erreur, pour la même amplitude en degrés, l'échappement à palettes n'absorbe pas plus de force motrice que tout autre échappement à plans inclinés, il en absorbe même un peu moins, ainsi que je l'ai constaté dans ma longue pratique de l'horlogerie.

Nous allons continuer maintenant l'étude des résistances de l'air à la marche des pendules, mais à un autre point de vue.

Moinet, page 76, de son 1er volume, en rappelant les travaux d'Huyghens, sur l'application du pendule à l'horlogerie, s'exprime ainsi :

« A la boule de métal du poids d'environ 3 livres, on a substitué plus « tard une lentille métallique du même poids, *pour diminuer la résistance* « *de l'air.* »

C'est là une erreur que cet auteur n'aurait point commise, s'il avait expérimenté.

J'ai voulu connaître les résistances de l'air eu égard aux formes du pendule, et alors j'ai établi 3 pendules battant la seconde, dont les lentilles pesaient exactement, chacune, 1,200 grammes, comme celles expérimentées précédemment, mais dont les formes étaient différentes.

La première était sphérique, c'était une boule en plomb de 60 millimètres de diamètre.

La deuxième était une lentille de forme ordinaire, disque rond de 136 millimètres de diamètre, 18 millimètres d'épaisseur au centre, se réduisant à rien sur le bord.

La troisième était un cylindre de 120 millimètres de hauteur et 36 de diamètre, se terminant à chaque bout par une demi-sphère.

Ces trois pendules ont été expérimentés de la même manière que les précédents, dans les mêmes conditions d'amplitude, et voici le tableau des résultats obtenus :

3e TABLEAU.

L'AMPLITUDE DES OSCILLATIONS EST DESCENDUE	NOMBRE DE MINUTES POUR CHAQUE DEGRÉ PERDU PAR LE PENDULE		
	Sphérique	Lenticulaire	Cylindrique
De 6 degrés à 5 degrés.......	12'	11'	10'
De 5 — 4 —	17'	16'	13'
De 4 — 3 —	26'	25'	20'
De 3 — 2 —	40'	36'	30'
De 2 — 1 —	80'	70'	60'
De 1 — 0 —	300'	380'	300'

Ainsi, c'est le pendule sphérique qui éprouve la moindre résistance de la part de l'air, et le pendule cylindrique qui en éprouve le plus; car le premier perd son 6e degré d'amplitude en 12', tandis que le dernier le perd en 10'.

Ces résultats sont conformes aux principes de la géométrie, car à égalité de volume et dès lors de poids, c'est la sphère dont l'enveloppe est un minimun, c'est donc elle qui doit éprouver la moindre résistance ainsi que l'expérience le confirme.

Cependant, il se présente ici une certaine anomalie que nous devons examiner. La surface de la sphère est de 110 centimètres carrés, celle de la lentille est de 286,25, et celle du cylindre de 136; d'après ce qui a été dit précédemment, le pendule à lentille cylindrique devrait éprouver moins de résistance dans l'air que le pendule lenticulaire, or, c'est le contraire qui a lieu. Il faut remarquer que le pendule cylindrique n'a pas de faces presque parallèles au plan d'oscillation comme le pendule lenticulaire; conséquemment, il ne glisse pas dans l'air comme ce dernier, il le heurte presque de front et le déplace; ce genre de résistance est bien plus grand que celui où le pendule ne fait que glisser dans l'air, dans ce dernier, il n'y a que des frottements, dans l'autre, il y a déplacement, c'est-à-dire force directement transmise aux molécules d'air qui fuient pour livrer passage au pendule.

Ce qui précède m'a déterminé à rechercher quel était le rapport entre la surface glissante et la surface heurtante d'un pendule qui donnait les meilleurs résultats, c'est-à-dire la moindre résistance de l'air.

Évidemment, le mieux serait que toute la surface du pendule glissât contre l'air qui la presse, mais il ne peut pas en être absolument ainsi, il y a toujours une certaine partie de cette surface du pendule qui repousse l'air devant elle. L'expérience m'a démontré que lorsque la surface qui repousse l'air n'était pas plus grande que le huitième de la surface totale du pendule, la résistance de l'air était sensiblement un minimum.

Fig. 2 bis. Fig. 2.

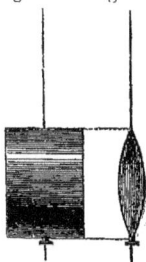

Voici comment j'ai opéré pour résoudre cette question : j'ai repris le pendule n° 1 dont la lentille est circulaire et à faces planes parallèles, sa surface totale est de 286 1/4 centimètres carrés, et elle pèse 1,200 grammes. Puis, j'ai fait un autre pendule dont la lentille pèse également 1,200 grammes, et dont la surface totale est de 196 centimètres carrés. Cette lentille a 4 faces, celles de droite et de gauche, c'est-à-dire celles qui repoussent l'air dans leur mouvement, sont planes et parallèles, ayant la forme d'un fuseau sphérique comme on le voit figure 2; la surface de ce fuseau est égale à la surface du rectangle qu'on obtiendrait en coupant au centre la lentille n° 1, par un plan perpendiculaire au plan d'oscillation. Les faces d'avant et d'arrière de ce pendule, c'est-à-dire celles qui glissent dans l'air parallèlement au plan d'oscillation, sont courbes et rectangulaires comme figure 2 *bis*.

La surface du fuseau sphérique figure 2, est de 12,25 centimètres carrés, c'est donc 24,50 pour les 2 faces semblables, or, 24,50 est précisément le 8e de 196.

Ayant fait osciller ces 2 pendules, qui battent la seconde, ainsi qu'il a été dit précédemment, voici les résultats que j'ai obtenus :

4° TABLEAU.

L'AMPLITUDE DES OSCILLATIONS EST DESCENDUE	NOMBRE DE MINUTES pour chaque degré perdu par le pendule	
	CIRCULAIRE	A 4 FACES
De 6 degrés à 5 degrés.......	12'	12' 30''
De 5 — 4 —	16'	18' 30''
De 4 — 3 —	25'	25'
De 3 — 2 —	36'	38'
De 2 — 1 —	70'	72'
De 1 — 0 —	390'	380'

Ainsi, le pendule avec lentille à 4 faces, quoique refoulant une certaine quantité d'air, a éprouvé un peu moins de résistance de la part de l'air, que le pendule n° 1, ou du moins des résistances égales, car les différences sont insignifiantes, ce qu'on doit attribuer à ce que la surface totale de ce dernier pendule est moindre que celle du pendule n° 1. Nous devons en conclure qu'il faut essentiellement s'attacher à réduire la surface totale des pendules, tout en leur conservant des formes qui fendent l'air au lieu de le repousser.

Pour compléter ce travail, il était utile d'étudier les influences que les variations barométriques exercent sur le mouvement des pendules, toujours au point de vue des résistances que l'air apporte à la marche de ces pendules. Mais ces expériences présentaient des difficultés sérieuses, car dans nos climats la hauteur du baromètre ne varie guère que de $0^m,78$ à $0^m,73$ et il reste généralement fort peu de temps à ces hauteurs, surtout à $0^m,73$. De là, presqu'une impossibilité de faire des expériences d'une durée suffisante pour qu'elles soient concluantes.

Le baromètre ne descend à $0^m,73$ que lors des grandes tempêtes; dans ces moments il est très variable et reste rarement plus de 2 ou 3 heures à la même hauteur; j'ai donc été obligé de fractionner les expériences, d'en faire une partie un jour et d'en remettre la continuation à d'autres jours, quand les circonstances atmosphériques le permettaient; on sent combien tout cela entraînait de difficultés et de lenteurs.

J'aurais bien pu établir une espèce de vase hermétiquement clos, dans lequel j'aurais placé le pendule et où j'aurais fait un certain vide, mais ce moyen n'était pas facile à pratiquer pour les grandes dimensions, et j'y ai renoncé.

Enfin, avec du temps et de la patience, j'ai pu expérimenter les pendules N° 1 et N° 3 déjà indiqués, c'est-à-dire des pendules qui battent la seconde, dont la lentille pèse 1,200 grammes, la surface de ces lentilles étant entre elles :: 1 : 4.

Chacun d'eux a été mis en action sous les pressions atmosphériques de 0m,78 et 0m,73 avec une suspension à ressort, afin qu'elle ne s'altère pas pendant la longue durée des expériences qui étaient quelquefois de plusieurs mois.

Voici le tableau des résultats obtenus :

5ᵉ TABLEAU.

L'AMPLITUDE DES OSCILLATIONS EST DESCENDUE	NOMBRE DE MINUTES POUR CHAQUE DEGRÉ PERDU PAR LE PENDULE			
	N° 1		N° 3	
	à 0m,78 de pression.	à 0m,73 de pression.	à 0m,78 de pression.	à 0m,73 de pression.
De 6 degrés à 5 degrés.......	11 40	12 20	6 50	7 10
De 5 — 4 —	15 20	16 20	7 50	8 40
De 4 — 3 —	24 10	25 30	12 20	13 30
De 3 — 2 —	34 30	36 30	17 30	18 30
De 2 — 1 —	68 »	72 »	34 »	36 »
De 1 — 0 —	380 »	400 »	175 »	185 »

On voit que les différences que l'air oppose à la marche des pendules sont bien en rapport avec les différences de pression de l'atmosphère : ainsi, pour perdre le 6ᵉ degré d'amplitude quand la pression atmosphérique est de 0m,78 le pendule n° 1 bat pendant 11' 40" tandis qu'il bat pendant 12' 20" pour faire la même perte, quand la pression atmosphérique n'est que de 0m,73. Cette différence de 40" est 1/17 de 11' 40", et la différence 0m,05 entre les hauteurs barométriques 0m,78 et 0m,73 est 1/16, ainsi les différences de résistance de l'air sont sensiblement proportionnelles aux différences de pression de l'atmosphère, ce qui devait être.

Tout ce que nous avons dit précédemment des résistances que l'air oppose à la marche des pendules dans les grandes pièces d'horlogerie, est également vrai pour les petites pièces portatives dont les régulateurs sont des volants, des balanciers, etc. Ces organes sont réduits de grandeur, il est vrai, mais leur vitesse est généralement si grande que les résistances de l'air sont fort sensibles et qu'il faut en tenir compte.

Ainsi, il convient de réduire leur surface autant que possible et surtout de leur donner des formes qui laissent peu de prise à l'air; or, les formes rondes sont celles qui conviennent le mieux; elles glissent dans l'air sans le heurter de front, et d'ailleurs, ce sont elles qui renferment le plus de matière sous la surface la plus petite, ainsi que nous allons l'établir par quelques comparaisons.

On sait que pour connaître la surface totale de la jante ou cercle d'un balancier circulaire, il faut mesurer son contour et le multiplier par la longueur développée de sa circonférence moyenne, et que pour connaître son volume, qui est proportionnel à son poids, il faut multiplier la surface de sa section (coupe suivant un rayon) par la même circonférence moyenne.

Conséquemment, ces deux produits, surface et volume ou poids, contenant le même facteur (la circonférence moyenne), on peut l'éliminer lorsqu'il ne s'agit que de comparaison, et alors le rapport de la surface totale d'un balancier à son poids est le même que celui de son contour à sa section.

Ces points établis, j'ai dressé le tableau suivant pour comparer entre elles les diverses formes ou contours des balanciers.

6° TABLEAU.

SECTION DES JANTES	Contour des Jantes	Surface de la Section	OBSERVATIONS
	22 unités.	10 unités.	Dans la première colonne, on voit la coupe des jantes; il y en a quatre à section rectangulaire et une à section circulaire. Dans la deuxième colonne, on a le contour des jantes en unités linéaires. La troisième colonne donne la surface de ces sections en unités carrées.
	24 —	20 —	
	30 —	50 —	
	40 —	100 —	
	35,5 —	100 —	

On voit que plus la section de la jante s'écarte d'un polygone régulier, plus est grande la surface externe du balancier relativement à son poids, ainsi la 1re figure montre une coupe de balancier méplat, ayant pour section un rectangle dont les côtés sont 1 et 10, alors la surface extérieure de ce balancier serait 22 pour un poids 10. Dans la 3e figure, la coupe de la jante est un rectangle dont les côtés sont 5 et 10, et la surface totale de cette jante étant de 30 son poids serait de 50. Enfin dans la 4e figure, la coupe de la jante est un carré de 10 sur 10, alors sa surface totale étant 40 son poids est 100.

La 5e figure donne des résultats encore plus avantageux, la coupe de la jante étant un cercle, lorsque sa surface totale serait représentée par 35,5 le poids de cette jante serait 100.

Il est donc évident que les balanciers à section circulaires sont à poids égaux, ceux dont la jante a la moindre surface, et dès lors ceux sur lesquels la résistance de l'air est moindre.

Par les mêmes raisons les tringles des pendules, les rayons ou barrettes des balanciers, devront toujours être rondes et non rectangulaire, c'est une règle générale de laquelle on doit s'écarter le moins possible, parce que tout corps à formes arrondies, ayant moins de surface, éprouve moins de résistance dans son mouvement dans l'air.

D'ailleurs la nature, dans toutes ses créations, nous révèle ce principe.

Qu'on laisse tomber dans l'air une goutte de liquide, à l'instant elle y prend la forme sphérique, parce que c'est celle qui y trouve le moins de résistance.

Qu'on souffle un ballon ayant une enveloppe élastique, il prend de même la forme sphérique à cause de la moindre résistance et de l'égalité de pression en tous sens, témoins les bulles faites par les enfants en soufflant dans l'eau de savon, et autres expériences.

Tous les végétaux croissant librement, poussent des tiges à peu près rondes, ce qui tient encore aux mêmes causes, c'est sous cette forme que l'air leur fait la moindre résistance. Tout nous porte donc à donner des formes circulaires aux corps qui doivent se mouvoir dans l'air et y éprouver la moindre résistance possible.

La résistance de l'air au mouvement est incontestablement nuisible en horlogerie, et ses actions sont bien plus grandes que beaucoup d'horlogers ne le croient. Cependant, il est des circonstances, où cette résistance peut être utilisée avantageusement, où elle peut même servir à régulariser la marche d'une machine de précision ; pour cela il faut savoir tourner les obstacles, rendre propice une force qui trop souvent est gênante.

Plusieurs essais ont déjà été tentés dans cette voie et ont donné de bons résultats, qu'il me soit permis ici d'en citer un qui m'est particulier.

2

En 1848 j'avais à régulariser la marche d'un mouvement rotatif, et je ne voulais pas employer le pendule cônique, parce que l'expérience m'en a démontré les imperfections ; j'ai alors associé le pendule oscillant, celui des horloges, avec la résistance de l'air, de la manière qui va être expliquée, et j'ai tiré de cette combinaison des résultats fort importants.

Avant tout, j'avais constaté un fait qui depuis a servi de base à plusieurs applications des plus intéressantes, ce fait le voici : Lorsqu'on fait tourner un volant ou une pièce quelconque à l'air libre, la résistance de cet air est bien plus grande que si l'air n'est pas libre, s'il est renfermé dans une boîte quelconque.

Ainsi, ayant construit un volant horizontal à ailettes simples, mis en mouvement par un moteur quelconque, j'ai recouvert ce volant d'une cloche concentrique qui ne laissait à bien peu près que la place du volant, et que je pouvais monter ou descendre à volonté, j'ai alors constaté que plus la cloche était descendue, plus était grande la rapidité du volant, la force motrice restant la même, et cela dans des limites fort étendues. Ainsi, quand la cloche était tout à fait posée sur le plateau au-dessus duquel se trouvait le volant, celui-ci tournait au moins quatre fois plus vite que lorsque la cloche était entièrement relevée et laissait ce volant complétement à découvert ; la vitesse étant d'autant plus rapide que la cloche était plus descendue.

Ces résultats étaient complétement imprévus, on était même porté à supposer le contraire, mais une fois le fait connu il a fallu l'expliquer ; or, cette explication la voici :

Quand l'espèce de boîte formée par la cloche et le fond sur lequel elle descend est fermée, le volant ne tarde pas à entraîner tout l'air qui tourne avec lui et qui alors n'oppose presque plus de résistance, sa masse étant très faible ; quand au contraire la cloche est toute levée, l'air est chassé au dehors par les ailes du volant, et remplacé par d'autre qui afflue de toute part, puis chassé à son tour ; il y a donc dans ce cas, transmission directe du mouvement du volant à une quantité d'air plus ou moins grande, et par suite une perte de force notable et un ralentissement dans la marche du volant.

Examinons maintenant de quelle manière j'ai mis ces propriétés à profit :

J'avais deux groupes de rouages placés à côté l'un de l'autre, mais complétement indépendants et ayant chacun leur moteur particulier. A l'un, j'ai donné pour régulateur un pendule assez lourd qui battait la seconde, son mouvement était donc intermittent, mais parfaitement uniforme comme l'est tout mouvement réglé par un pendule. A l'autre, j'ai donné pour régulateur un volant à ailettes comme celui dont j'ai parlé ci-dessus ; dès lors sa marche était continue mais non parfaitement uniforme, car on sait que la marche de ce régulateur est sensiblement impressionnée par les variations de la force motrice d'abord, puis par celles de la température ambiante, et surtout par les changements de la pression atmosphérique.

Pour corriger ces variations, j'ai recouvert le volant par une cloche, ainsi que je l'ai expliqué précédemment, et j'ai suspendu cette cloche à une armature tellement reliée avec le mécanisme ayant le pendule pour régulateur, que cette cloche descendait quand le mouvement du volant venait à retarder sur celui du pendule, et qu'au contraire elle remontait quand le volant avançait sur le pendule, c'est ainsi que je suis parvenu à faire marcher les deux groupes ou mécanismes parfaitement d'accord, et avec la plus grande régularité.

Pour relier ces deux mouvements, je me suis servi d'un engrenage différentiel, composé seulement de trois roues d'angle égales, engrenant entre elles. Les axes des deux premières sont horizontaux, indépendants l'un de l'autre, et sur la même droite; l'axe de la troisième est perpendiculaire à ceux-là, et placé dans le même plan horizontal que lesdits.

La première de ces roues, reçoit son mouvement du mécanisme ou groupe réglé par le pendule, elle est solidaire avec ce groupe; la seconde reçoit son mouvement du groupe réglé par le volant, avec lequel elle est également solidaire; quant à la troisième, elle est portée par une armature indépendante et mobile, à laquelle se trouve suspendue la cloche régulatrice.

Lorsque les deux groupes marchent à la même vitesse, les trois roues de l'engrenage différentiel conservent leurs positions relatives, et leurs montures restent parfaitement immobiles, mais lorsqu'un des groupes donne à sa roue d'angle une vitesse différente de l'autre, il y a déplacement, la 3e roue change de position ainsi que son armature, en sorte que la cloche monte ou descend, ce qui rétablit l'égalité de vitesse des trois roues en ralentissant ou en accélérant la marche du volant.

Dans cette combinaison, la cloche remplit deux fonctions, elle régularise la marche du volant ainsi qu'il a été expliqué, et elle sert de poids moteur au groupe réglé par le pendule qui ne se compose que de deux roues; elle joue donc exactement, dans ce dernier cas, le rôle du poids moteur auxiliaire des remontoirs d'égalité.

J'ai fait breveter cet appareil en 1849 (brevet n° 8,417, du 19 mai 1849), dans le seul but de m'en assurer incontestablement la priorité, car aussitôt après j'ai abandonné ce brevet. Dans le mémoire joint à ma demande, j'ai indiqué plusieurs dispositions et plusieurs applications de cet appareil, parce qu'on peut obtenir la raréfaction de l'air autour du volant régulateur par différents moyens.

Cet appareil a figuré à l'Exposition des produits de l'industrie, en

1849, et m'a valu une médaille d'or. En 1851, je l'ai reproduit à l'Exposition universelle de Londres, et on peut lire ce qui suit, dans le rapport du jury international :

« M. J. Wagner, qui déploie une grande fertilité d'invention, et auquel « nous avons accordé une médaille du conseil (grande médaille) pour sa « belle collection de machines, et spécialement pour son horloge à mou- « vement continu, ayant pour but de mener un télescope équatorial de « manière à le tenir pointé sur une étoile donnée, ou conduire tout autre « appareil nécessitant un mouvement continu réglé, au lieu d'un mouve- « ment intermittent, ce système est particulièrement ingénieux et simple. »

Plus tard, le célèbre Froment, a construit un appareil du même genre qui a figuré à l'Exposition universelle de 1855, à Paris. Il avait également pour but de conduire un télescope équatorial; mais il était assez compliqué et son volume était trop considérable pour s'adapter facilement aux téles- copes qui existent.

Quelques années après, M. Foucault, ingénieur-mécanicien, de l'Ob- servatoire de Paris, a modifié la machine de Froment, il en a réduit le volume de manière à en faciliter l'emploi, et plusieurs de ces machines fonctionnent maintenant très régulièrement, à l'Observatoire de Paris.

Il n'en est pas moins vrai que je suis le premier qui a conçu et exécuté ce système de régulateur par l'action de l'air sur un volant; mes appareils et certaines de leurs applications figuraient aux Expositions de 1849, 1851 et 1855, il est donc impossible de nier leur priorité.

Quelques personnes ont cependant attribué cette invention à M. Fou- cault, qui est trop riche de son propre fond, pour avoir besoin de rien emprunter aux autres.

Tout récemment encore, une personne qui est cependant bien au cou- rant des choses de l'horlogerie, attribuait à M. Foucault, les volants à ailettes mobiles se développant soit par un surcroît de la force motrice, soit par des changements survenus dans la résistance des pièces en mou- vement.

Cette combinaison, ou du moins son principe, appartient à M. Fresnel, l'inventeur des phares lenticulaires. Les premiers volants de ce genre, ont été contruits vers l'année 1825, dans les ateliers de mon oncle Wagner, que je dirigeais alors; et depuis cette époque, ils ont été appliqués non- seulement à tous les phares tournants, établis sur nos côtes, mais encore à presque tous les phares construits à l'étranger.

Ces phares, comme on sait, servent de guides aux navigateurs, pen- dant la nuit; on a donné aux feux des phares d'une même côte, non-seu- lement des couleurs différentes, pour distinguer un lieu d'un autre, mais encore on a rendu ces feux mobiles, ils paraissent et disparaissent successivement, dans le but de les particulariser assez pour empêcher toute méprise, car ici la méprise, c'est souvent la mort.

Comme on ne disposait pas d'assez de couleurs pour distinguer tous les points, on fait apparaître le feu à des intervalles différents, ainsi, tel phare montre son feu de 10 secondes en 10 secondes, tel autre, de 15 secondes en 15 secondes, etc.; par ce moyen, la distinction des lieux s'établit parfaitement.

En présence de ce besoin, il est évident que les moteurs qui font apparaître les feux des phares à des intervalles donnés, doivent être parfaitement réglés, car la moindre erreur pourrait avoir des conséquences fatales; c'est donc à ces moteurs, que Fresnel a donné pour régulateurs des volants à ailettes développables, et on ne doit point les attribuer à d'autres.

Bien des combinaisons et bien des réflexions peuvent naître de cette propriété que j'ai découverte et utilisée le premier, qui consiste à rendre plus ou moins libre le mouvement d'une pièce, en modifiant l'état de l'air qui l'entoure.

Ainsi, les petites pièces d'horlogerie portatives, dont le régulateur est un balancier circulaire, peuvent être singulièrement affectées dans leur marche lorsqu'on ferme ou qu'on ouvre la boîte qui les contient; dans ce dernier cas, elles peuvent retarder parce que la résistance de l'air devient plus grande, et au contraire, elles peuvent avancer quand on ferme la boîte, tout cela dépendra du plus ou moins d'espace resté libre dans la boîte.

Tous ceux qui s'occupent de chronométrie, savent que les meilleurs instruments tendent à retarder quand la température s'élève au delà de 20 à 25 degrés. Un de nos célèbres horlogers, a eu l'idée de compenser cette irrégularité de marche, au moyen d'une petite enveloppe, espèce de cloche, qui vient recouvrir plus ou moins le balancier du chronomètre, suivant que la température s'élève au delà de cette limite; le mouvement de cette cloche étant dû à la dilatation d'une pièce de métal, je ne sais si la tentative a été heureuse, ce que je veux seulement constater, c'est combien l'horloger doit être attentif aux moindres actions physiques, combien d'applications utiles peuvent lui fournir un principe établi ou simplement un fait constaté.

Nous allons maintenant nous occuper du poids des pendules et des balanciers.

Du poids des pendules.

Les horlogers sont encore fort divisés entre eux, sur la question du poids qu'il convient de donner aux pendules, au point de vue de la bonne marche des pièces auxquelles ces pendules servent de régulateur. Les uns préfèrent un pendule léger, afin de moins fatiguer la suspension, et parce qu'on est moins exposé à altérer l'échappement lorsqu'on transporte ces pièces d'un lieu dans un autre ; et aussi, disent-ils, parce qu'il faut moins de force motrice pour entretenir le mouvement d'un pendule léger, que d'un pendule lourd. Les autres préfèrent un pendule lourd, parce que son action régulatrice est plus sûre, que sa marche n'est pas contrariée par la moindre trépidation du sol ou par l'agitation de l'air, comme cela arrive pour les pendules légers ; toutefois, la plupart des horlogers partageant cette opinion, admettent que la force motrice absorbée par un pendule lourd, est plus grande que celle dépensée par un pendule léger ; mais ils croient qu'il vaut mieux supporter cette augmentation dans la dépense de force, et avoir une marche parfaitement régulière.

J'ai cherché à résoudre cette question, non par des appréciations de tact, de sentiment, par des hypothèses plus ou moins exactes, mais au moyen d'expériences concluantes.

Sans doute, si l'on transporte une pièce d'horlogerie d'un lieu dans un autre, sans décrocher le pendule, on s'expose beaucoup à en détruire l'échappement, mais cette considération n'est pas suffisante pour justifier l'emploi des pendules légers ; d'abord parce que ces transports sont rares, et que d'ailleurs il n'est pas convenable de les effectuer sans décrocher le régulateur, qu'il soit lourd ou léger, car l'un ou l'autre ne peut manquer de détériorer l'échappement ; cet argument n'est donc pas sérieux.

Une meilleure raison donnée en faveur du pendule léger, c'est la moindre fatigue qu'il fait éprouver à la suspension ; ceci est exact, et nous verrons ci-après qu'elle peut être l'influence de cette action.

Quant à l'opinion presque généralement accréditée que la force motrice dépensée par les oscillations d'un pendule, est d'autant plus grande qu'il est plus lourd, elle est complétement erronée, et cependant de très bons horlogers l'ont admise et propagée. Or je vais prouver qu'il n'en est pas ainsi, et que les pendules, quel que soit leur poids, font toujours la même dépense de force motrice.

Pour résoudre cette question expérimentalement, j'ai disposé quatre pendules de même longueur et battant la seconde, j'ai donné à chacune des lentilles le même diamètre et la même surface extérieure, elles ne différaient que par leurs poids qui étaient entre eux :: 1:2:4:8.

Le premier pendule, celui N° 1, pesait 1,200 grammes.

Le deuxième, celui N° 2, pesait 2,400 grammes.

Le troisième, celui N° 3, pesait 4,800 grammes.

Enfin le quatrième, celui N° 4, pesait 9,600 grammes.

La surface extérieure de chacune de ces lentilles était de 2,290 centimètres carrés, et pour que ces pendules soient aussi exactement que possible des pendules simples, ou du moins qu'ils en approchent beaucoup, leur tige était un fil d'acier tiré rond, d'un millimètre de grosseur seulement. Ainsi toute la masse du pendule se trouve répartie uniformément autour du centre de gravité de la lentille, qui est aussi son centre de figure, car elle est circulaire et plane.

Voulant éviter de trop grandes différences dans les épaisseurs de ces lentilles, je les ai faites en métaux de densités différentes, fer, cuivre et plomb, et j'ai tenu compte des différences d'épaisseur relativement aux résistances de l'air.

Ces pendules étaient entièrement libres, c'est-à-dire dégagés de tous rouages ; ils ont été suspendus successivement sur le même support et avec les mêmes lames faites en acier très flexible, ils étaient donc égaux de toutes parts, *leurs poids exceptés*, conséquemment, les différences dans les résultats ne peuvent être attribués qu'aux différences de poids de ces pendules.

Derrière les pendules, se trouvait le tableau divisé en degrés de la fig. 1re, tel que je l'ai dit pour mes précédentes expériences, et c'est encore dans la même pièce que j'ai expérimenté, c'est-à-dire à l'abri du mouvement de la rue et des agitation de l'air.

Les choses ainsi préparées, j'ai fait osciller le pendule N° 1 (celui de 1,200 grammes) et j'ai noté l'heure au moment ou l'amplitude était très exactement de 6 degrés, c'est-à-dire quand l'oscillation entière était de 12 degrés, six à droite et six à gauche de la verticale descendue par le centre d'oscillation. Puis j'ai noté l'heure exacte à laquelle cette amplitude d'une demi-oscillation n'était plus que de 5 degrés ; celle où elle n'était plus que de 4 degrés, et ainsi de suite jusqu'à ce qu'elle soit presque zéro.

J'ai dû cesser de compter lorsque l'amplitude n'était plus que de 2', soit 1/30 de degré, parce qu'alors le mouvement est trop incertain, trop difficile à mesurer.

Ainsi, j'ai déterminé très exactement le temps pendant lequel l'amplitude du pendule perdait un degré de chaque côté et tombait alors de 6 degrés à 5, puis de 5 degrés à 4, et ainsi de suite, jusqu'à ce que le mouvement soit nul.

Ayant fait les mêmes expériences sur les pendules N° 1, N° 2, N° 3 et N° 4, j'ai connu les pertes de mouvement de chacun de ces pendules et j'ai dressé le tableau qui suit des résultats de ces expériences :

7e TABLEAU.

L'AMPLITUDE DES DEMI-OSCILLATIONS EST DESCENDUE	TEMPS PENDANT LEQUEL L'AMPLITUDE PERD UN DEGRÉ			
	Pendule N°1 1,200 gr.	Pendule N°2 2,400 gr.	Pendule N°3 4,800 gr.	Pendule N°4 9,600 gr.
De 6 degrés à 5 degrés.........	4 "	8 "	16 "	31 "
De 5 — 4 —	5 15	9 45	19 "	36 "
De 4 — 3 —	7 "	13 45	27 "	52 "
De 3 — 2 —	9 30	18 30	36 "	71 "
De 2 — 1 —	17 15	34 "	67 "	134 "
De 1 — 0 —	90 "	176 "	325 "	600 "
Totaux.....	133 "	260 "	490 "	924 "

Remarquons d'abord que le pendule N° 1 a perdu son sixième degré d'amplitude en 4', tandis que celui N° 2 ne l'a perdu qu'en 8', celui N° 3 en 16' et celui N° 4 en 31'. Conséquemment, les temps pendant lesquels ces pendules ont perdu un degré d'amplitude sont proportionnels aux poids des pendules, c'est-à-dire aux forces d'impulsion ou quantités de mouvement possédées par ces pendules.

En effet, puisque ces pendules descendent de la même hauteur et parcourent des arcs égaux, la grandeur de l'impulsion, ou quantité de mouvement qui existe dans chaque pendule, est proportionnelle à son poids ; conséquemment, l'impulsion du pendule N° 2 est double de celle du pendule N° 1, aussi a-t-il été deux fois plus de temps pour perdre son sixième degré d'amplitude. Le pendule N° 3 pesant quatre fois autant que celui N° 1, a une force d'impulsion quatre fois plus grande que lui, et pour perdre un degré d'amplitude il a fallu quatre fois plus de temps ; et ainsi de suite pour les autres.

Il est donc démontré que la force absorbée par le mouvement d'un pendule est rigoureusement la même pour chaque oscillation d'égale amplitude, quel que soit d'ailleurs le poids de ce pendule.

Pour le pendule N° 4 il se présente une certaine anomalie, au lieu de 32' qu'il aurait dû employer pour perdre son 6e degré, il n'en a employé que 31, c'est-à-dire que sa perte de force a été plus rapide, plus grande par chaque oscillation, ce qu'on peut attribuer à une plus grande résistance des ressorts de la suspension, ainsi que je le démontrerai ci-après.

Les mêmes rapports subsistent, du moins à bien peu près, entre les temps que ces quatre pendules ont employé pour perdre leur 5ᵉ degré d'amplitude, leur 4ᵉ, leur 3ᵉ, etc.; ainsi le pendule N° 1 met 17' 15" pour perdre son 2ᵉ degré, et celui N° 2 met 34', ce qui est à bien peu près un temps double; celui N° 3 emploie 67', ce qui est à peu près 4 fois le temps employé par le N° 1; enfin le N° 4 ne perd son 2ᵉ degré d'amplitude qu'en 134', ce qui est bien près de 8 fois le temps que le pendule N° 1 a mis pour perdre également son 2ᵉ degré.

Nous pouvons donc, en généralisant, énoncer ce principe : que la force dépensée pour chaque oscillation d'un pendule est complétement indépendante du poids de ce pendule; et que pour des pendules égaux en tout, sauf les poids, elle est toujours la même. Conséquemment, la force motrice qui restitue cette dépense de mouvement ne doit être ni augmentée ni diminuée, quelque augmentation ou diminution qu'on fasse subir au poids du pendule.

Puisqu'il est certain d'une part que la marche d'une horloge est d'autant plus régulière que le pendule est plus lourd, et d'autre part, que la force motrice dépensée est indépendante du poids du pendule, il est évident qu'on doit employer des pendules lourds de préférence à des pendules légers, sans cependant les faire d'un poids exagéré, relativement aux ressorts, couteaux ou pivots qui doivent les supporter.

Voulant donner au principe que je viens d'énoncer une grande certitude, j'ai recommencé les expériences dans d'autres conditions. J'ai remplacé les lentilles des pendules N° 1, N° 2, N° 3 et N° 4, par un flacon ou vase cylindrique en verre, dans lequel je versais plus ou moins de mercure, pour en doubler, tripler, quadrupler le poids, etc.; ainsi qu'on l'a déjà fait pour certains régulateurs; il est évident que la résistance de l'air s'exerçait alors toujours sur la même surface et qu'il n'y avait de changé que le poids des pendules. Or, les expériences faites avec ces pendules ont donné des résultats tout à fait concordants avec ceux du tableau qui précède, conséquemment le principe en question se trouve doublement prouvé.

Plus le pendule est pesant et plus les lames de suspension sont tendues, il ne peut en être autrement; or, cette tension donne une certaine raideur à ces lames, et le glissement des molécules d'acier qui a nécessairement lieu lors de la flexion desdites lames, est d'autant plus difficile que la traction à laquelle elles résistent est plus grande; on peut donc affirmer que la suspension oppose aux oscillations du pendule une résistance qui croît avec le poids de ce pendule.

Dans quel rapport se fait cette augmentation de résistance, relativement à celle du poids du pendule? On ne le sait pas bien, c'est une question assez difficile à résoudre, mais on ne s'écarterait pas beaucoup de la vérité en admettant que ces augmentations sont proportionnelles aux poids des pendules, c'est-à-dire à la tension des lames de suspension.

Cette résistance des lames de suspension absorbe donc une partie de la force motrice, d'autant plus grande que le pendule est plus lourd, ce qui explique les petites différences entre les résultats du calcul et ceux de l'expérience consignés au tableau qui précède. Ainsi, le pendule N° 1 ayant perdu le 6° degré d'amplitude en 4', celui N° 4, dont le poids est huit fois plus grand, aurait dû le perdre en huit fois plus de temps, c'est-à-dire en 32'; or, il l'a perdu en 31'; la tension des lames de suspension étant huit fois plus grande pour ce dernier pendule que pour le premier, elle a bien pu absorber la partie de force d'impulsion, c'est-à-dire la quantité de mouvement qui aurait fait osciller ce pendule encore une minute.

Fig. 3.

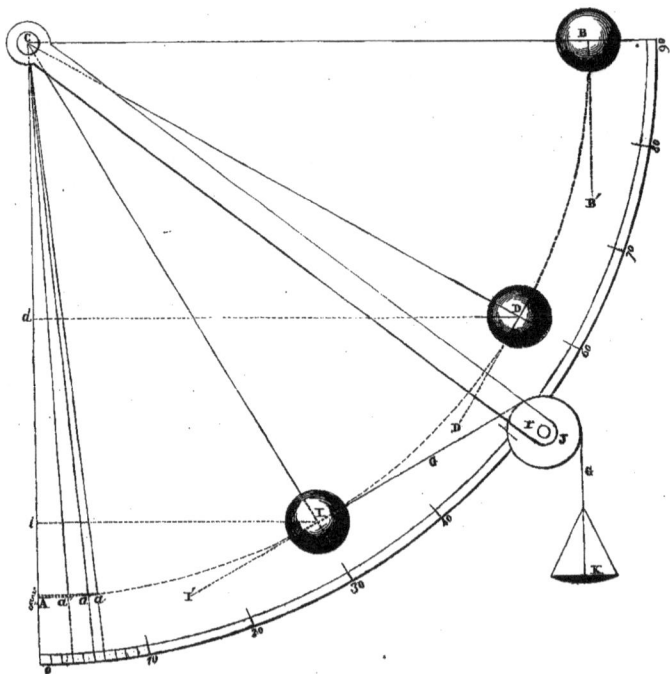

Pour bien comprendre tous les développements que comporte le principe énoncé ci-dessus, à savoir : que la force dépensée par chaque oscillation d'un pendule est toujours la même quel que soit le poids de ce pendule, nous allons étudier les conditions du mouvement d'un pendule quand les oscillations ont des amplitudes différentes, et rechercher les moyens de déterminer l'intensité d'impulsion de ce pendule dans chaque cas particulier. Il deviendra possible alors, d'évaluer en poids la force motrice nécessaire à la marche d'une pièce d'horlogerie ayant un pendule pour régulateur.

La figure 3, montre un pendule dans quelques-unes des positions qu'il peut occuper ; pour simplifier, nous supposerons sa tige sans pesanteur, et toute sa masse concentrée au centre de la lentille.

Cette figure représente au 10° de sa grandeur, un pendule qui aurait 1 mètre de longueur, c'est-à-dire que la verticale C A qui joint le centre de suspension C au centre A de la lentille, est d'un décimètre = 100 millimètres de longueur.

A I D B est un arc de 90 degrés, décrit du centre C avec le rayon C A, c'est la courbe suivant laquelle se font les oscillations de ce pendule.

Lorsqu'il est en B, C B étant une horizontale égale à la verticale C A, si on laisse tomber le pendule de ce point, la pesanteur, au départ, s'exerçant suivant la verticale B B', la tension de la tige ou fil C B, est nulle, la pesanteur agit donc avec toute son intensité ; conséquemment, la grandeur de l'impulsion au point B, est le poids même du pendule, elle est donc égale à P, qui représente la pesanteur.

Quand le pendule est en D, l'angle d'amplitude A C D étant de 60 degrés, le pendule à raison de la tension de la tige ou fil C D, qui exerce une force centripète sur lui, tend à descendre suivant la tangente D D', et alors son poids relatif, c'est-à-dire la force avec laquelle il tend à descendre, est égale à $P \times \sin. m$ (on nomme m, l'angle d'amplitude A C D), et comme cet angle est de 60 degrés, la force d'impulsion au point D, est représentée par $P \times \sin. 60°$.

Mais en menant une perpendiculaire D d, sur la verticale C A, on a le sinus de l'angle A C D, conséquemment, mesurant D d, on le trouve de 87 millimètres, tandis que C A ou C B = 100, le sinus D d, est donc les $\frac{87}{100}$ du rayon, et alors la force d'impulsion en D, est les $\frac{87}{100}$ du poids P du pendule, c'est donc $P \times \frac{87}{100}$.

Quand le pendule est en I, l'angle d'amplitude A C I = 30 degrés, et ce pendule tend à descendre suivant la tangente I I', son poids relatif est alors $P \times \sin. 30°$.

Menant I i, perpendiculaire sur C A, on a le sinus de l'angle A C I, conséquemment, cette ligne représente le poids relatif du pendule lorsqu'il est au point I, et comme I i est de 50 millimètres ou les $\frac{50}{100}$ du rayon, on en conclut que dans cette position, la force d'impulsion ou poids relatif du pendule, est les $\frac{50}{100}$ du poids réel de ce pendule.

Enfin, si le pendule est en *a*, l'angle d'amplitude A C a étant de 6 degrés, l'impulsion ou poids relatif du pendule dans cette position, est égale à P × sin. 6°.

Menant la perpendiculaire a s sur C A, c'est le sinus de l'angle A C a, et comme cette ligne n'a que 10,45 millimètres de longueur, elle est alors les $\frac{10,45}{100}$ du rayon C A, autrement dire l'impulsion ou poids relatif du pendule en *a*, n'est que les $\frac{10,45}{100}$ de son poids réel, c'est donc à peu près 1/10 de P.

Pour une amplitude A C *a'* de 5 degrés, l'impulsion ou poids relatif du pendule est représentée par la perpendiculaire *a' s'*, dont la longueur est de 8,7 millimètres, c'est-à-dire que cette impulsion vaut les $\frac{8,7}{100}$ du poids P.

Pour une amplitude de 3 degrés la perpendiculaire *a" s"* représentant l'impulsion serait de 5,23 millimètres, conséquemment, cette impulsion serait les $\frac{5,23}{100}$ de P.

Cette figure 3, que j'appellerai dorénavant l'échelle des impulsions, fournit donc un moyen graphique pour déterminer la valeur de l'impulsion d'un pendule à toutes les amplitudes qu'on voudra.

Voici quelques exemples de calculs qui montreront la marche à suivre dans tous les cas.

Supposons un pendule de 1,200 grammes placé en D, pour connaître la valeur de l'impulsion, c'est-à-dire l'effort qu'il faut faire pour retenir ledit pendule dans cette position, on peut établir cette proportion : C A : D d :: 1,200 : *x* dans laquelle remplaçant C A et D d par leur longueur en millimètres, on a 100 : 87 :: 1,200 : *x*.

d'où on déduit $x = 1200 \times \frac{87}{100} = 1044$ grammes.

Si le pendule est en I, on aura la proportion : C A : I i :: 1,200 : *x*, ou bien 100 : 50 :: 1,200 : *x*.

d'où on déduit $x = 1200 \times \frac{50}{100} = 600$ grammes.

Enfin, si nous cherchons la valeur de l'impulsion du pendule au point *a*, c'est-à-dire pour une amplitude de 6 degrés, nous aurons la proportion C A : a s :: 1,200 : *x*, ou bien 100 : 10,45 :: 1,200 : *x*, d'où on tire $x = 1,200 \times \frac{10,45}{100} = 125$ grammes.

Il est donc facile, au moyen de la figure 3, de connaître la valeur de l'impulsion d'un pendule quelconque, et aussi pour une amplitude quelconque, et presque sans aucun calcul, ainsi qu'on vient de le voir.

On peut obtenir expérimentalement une vérification de ces raisonnements, au moyen d'un appareil fort simple. On dispose un bras de levier C r, tel que son centre de mouvement soit en C, c'est-à-dire qu'il se confonde avec le centre de suspension du pendule. En r, ce bras porte une poulie J bien mobile sur son axe, avec gorge pour recevoir une petite corde G G, à l'extrémité de laquelle on suspend un plateau K, pour recevoir des poids.

Si l'on veut avoir la valeur de l'impulsion d'un pendule placé en I, par exemple? On attache la corde G de manière à ce qu'elle corresponde au centre de ce pendule, puis on place le bras C r dans une position telle que la corde I G soit tangente à l'arc A I B, alors on met en K, autant de poids qu'il en faut pour établir l'équilibre du pendule dans sa position I, et on a, expérimentalement, la valeur de l'impulsion de ce pendule ; en la comparant avec cette même valeur calculée, comme nous l'avons indiqué, on reconnaîtra que l'une et l'autre méthode donne les mêmes résultats.

Cette échelle des impulsions est applicable dans tous les cas, quelle que soit la longueur du pendule, quel que soit son poids et quelle que soit l'amplitude de la demi-oscillation. Il n'y a même pas à s'occuper de la longueur du pendule sur lequel on opère, car la proportion à l'aide de laquelle nous calculons l'impulsion est indépendante de cette longueur.

Ainsi, pour un pendule d'un mètre de longueur ou de 2 mètres, 3 mètres, 4 mètres, comme on voudra, si l'on cherche l'intensité de son impulsion pour l'amplitude de 6 degrés, P étant son poids, on aura toujours pour expression de cette impulsion, $P \times \sin. 6°$.

Ou bien la proportion C A : a s :: P : x, et si par exemple P = 4,800 grammes, comme C A = 100 et a s = 10,45, la proportion devient toujours 100 : 10,45 :: 4,800 : x.

$$\text{D'où } x = 4,800 \times \tfrac{10,45}{100} = 502 \text{ grammes.}$$

Est-ce d'un pendule de 25 centimètres de longueur et pesant 60 grammes, dont on veut connaître l'impulsion au point I (amplitude de 30°).

On a C A : I i :: 60 : x et comme $\begin{cases} \text{C A} = 100 \text{ millimètres.} \\ \text{I } i = 50 \end{cases}$ —

La proportion devient 100 : 50 :: 60 : x.

$$\text{D'où } x = 60 \times \tfrac{50}{100} = 30 \text{ grammes.}$$

Si c'est pour l'amplitude de 6 degrés que l'on veut connaître l'impulsion du même pendule, on a C A : a s :: 60 : x, proportion qui devient 100 : 10,45 :: 60 : x.

D'où on déduit $x = 60 \times \tfrac{10,45}{100} = 6$ grammes à fort peu près, et enfin, pour une amplitude de 3°, on a 100 : 5,23 :: 60 : x, d'où on déduit $x = 60 \times \tfrac{5,23}{100} = 3,14$ grammes.

Ainsi, l'échelle faite ici au dixième du pendule d'un mètre de longueur, sert pour les pendules de toutes les longueurs possibles, sans qu'on ait besoin d'y faire le moindre changement.

Nous allons examiner maintenant quelle a été en poids la dépense de force motrice faite par chacun des pendules n° 1, n° 2, n° 3 et n° 4, dans les expériences dont les résultats sont consignés au tableau qui précède; et pour cet examen, nous nous servirons de l'échelle des impulsions que nous venons de décrire.

Prenons d'abord le pendule n° 1, qui pèse 1,200 grammes. Lorsque l'amplitude de sa demi-oscillation est de 6 degrés, l'intensité de l'impulsion est égale à 1,200 × sinus 6°, ou bien on a la proportion C A : $a\,s$ :: 1,200 : x qui devient en remplaçant les lignes C A et $a\,s$ par leur valeur mesurée en millimètres; 100 : 10,45 :: 1,200 : x, d'où $x = 125$ grammes.

Le même pendule pour l'amplitude de 5 degrés, a pour mesure de l'intensité de son impulsion 1,200 × sinus 5°, ou la proportion C A : $a'\,s'$ :: 1,200 : x, qui devient 100 : 8,7 :: 1,200 : x.

D'où on déduit $x = 104$ grammes.

Conséquemment, le pendule en perdant son 6° degré d'amplitude, a perdu 125 — 104 = 21 grammes, sur l'intensité de son impulsion.

Il a fait cette perte en 4 minutes, et comme il bat la seconde, il a fait cette perte en 240 oscillations. La perte moyenne par oscillation, a donc été de $\frac{21}{240}$ = 87 milligrammes.

Si nous établissons les mêmes calculs pour le pendule n° 2, qui pèse 2,400 grammes, nous trouvons, que lorsque l'amplitude des oscillations était de 6 degrés, l'intensité de l'impulsion était déterminée par cette proportion C A : $a\,s$ :: 2,400 : x, soit : 100 : 10,45 :: 2,400 : x, d'où $x = 250$ grammes.

Quand l'amplitude n'était plus que de 5 degrés, l'impulsion était le 4° terme de cette proportion C A : $a'\,s'$ :: 2,400 : x, qui devient par substitution 100 : 8,7 :: 2,400 : x.

D'où on conclut $x = 208$ grammes.

Conséquemment, le pendule en perdant son 6° degré d'amplitude, perdait 250 — 208 = 42 grammes de son impulsion.

Cette perte s'est faite en 8' ou 480 secondes, soit 480 oscillations, la perte moyenne pour chaque oscillation, a donc été de $\frac{42}{480}$ = 87 milligrammes.

Or, ce résultat est le même que pour le pendule n° 1, dont le poids n'est que moitié de celui n° 2.

Faisant encore ces calculs pour le pendule n° 4 qui pèse 9,600 grammes :

A l'amplitude de 6 degrés, l'impulsion est le 4ᵉ terme de cette proportion C A : $a\,s$ :: 9,600 : x, soit : 100 : 10,45 :: 9,600 : x.

D'où on déduit $x = 1,003$ grammes.

A l'amplitude de 5 degrés, on a C A : $a'\,s'$ :: 9,600 : x, et en mettant pour ces lignes leur valeur 100 : 8,7 :: 9,600 : x.

D'où on tire $x = 835$.

Ainsi, ce pendule en perdant son 6ᵉ degré d'amplitude, perdait $1,003 - 835 = 168$ grammes sur sa force d'impulsion.

Cette perte s'étant faite en 32' ou 1,920 secondes, il y a eu 1,920 oscillations pour détruire 168 grammes de l'impulsion, c'est donc en moyenne et pour chaque oscillation, $\frac{168}{1920} = 87$ milligrammes.

Il est donc bien établi que pour des pendules de même longueur, et les oscillations de même amplitude, la perte de mouvement, et dès lors la dépense de force motrice, est toujours la même quel que soit le poids de ces pendules.

Jusqu'alors j'ai dit que la régularité de la marche d'une horloge était d'autant plus sûre que le pendule était plus lourd, mais je ne l'ai point démontré ; cette démonstration est devenue facile d'après les principes que nous avons posés ci-dessus.

Supposons que pour une horloge donnée les résistances de l'air et de la suspension, ainsi que les frottements de la fourchette, de l'échappement et de ses axes soient équivalents à 25 grammes, et que le pendule de cette horloge pèse 1,200 grammes, l'amplitude étant de 6 degrés de chaque côté on sait que dans ce cas l'impulsion est de 125 grammes, conséquemment la force régulatrice est à la somme des forces perturbatrices :: 125 : 25 ou :: 5 : 1 c'est-à-dire qu'elle n'est que 5 fois la valeur desdites forces perturbatrices, ce qui serait bien peu pour donner une bonne régularisation du mouvement.

Si nous appliquons à la même horloge un pendule pesant 9,600 grammes, c'est-à-dire huit fois plus lourd que le précédent, sa force d'impulsion, à l'angle de 6 degrés, sera de 1,000 grammes, et alors, le rapport entre la force régulatrice et les forces perturbatrices sera :: 1,000 : 25 ou :: 40 : 1 il est bien évident que la régularité de la marche sera bien plus assurée quand la force régulatrice sera 40 fois la force perturbatrice, que lorsqu'elle n'était que 5 fois cette force.

Il est donc prouvé maintenant que plus un pendule est lourd et mieux il régularise la pièce d'horlogerie à laquelle il est appliqué ; et les horlogers ne doivent plus craindre d'employer des pendules lourds, puisque nous avons démontré qu'ils n'exigeaient pas plus de force motrice que les pendules légers.

L'expérience prouve d'ailleurs qu'avec une suspension à ressort, même très flexible, on peut, sans aucun inconvénient, faire des pendules de 200 et même de 300 kilogrammes; plusieurs horloges monumentales sont dans ce cas : or ce que nous disons ici ne s'applique nécessairement qu'à ces grandes horloges.

De la longueur des pendules.

Une question fort intéressante encore, en horlogerie, est celle de savoir quels peuvent être les avantages ou les inconvénients des pendules de différentes longueurs; en d'autres termes : doit-on employer de longs pendules, ou vaut-il mieux qu'ils soient courts?

L'échelle des impulsions, figure 3, va encore nous servir à résoudre une partie de cette question.

Nous avons dit et prouvé que l'impulsion d'un pendule était indépendante de sa longueur, qu'elle ne dépendait que du poids de ce pendule et de l'angle d'amplitude de sa demi-oscillation; enfin nous savons qu'elle est toujours égale à $P \times$ sinus m ce qui ne dépend en aucune manière de la longueur de ce pendule.

Enfin que le pendule ait 1 mètre de long ou 25 centimètres, si l'amplitude de la demi-oscillation est de 6 degrés, et que le poids de ce pendule soit de 1,200 grammes, l'impulsion sera toujours le 4e terme de cette proportion CA : as :: 1,200 : x soit 100 : 10,45 :: 1,200 : x qui donne $x = 125$ grammes.

Ainsi la force d'impulsion est indépendante de la longueur du pendule, et la perte de quantité de mouvement que fait le pendule à chaque oscillation étant toujours la même relativement à cette impulsion, nous devons en conclure que de cette part il est absolument indifférent d'employer de longs ou de courts pendules.

Mais l'impulsion n'est pas la seule force que nous ayons à considérer dans ce cas, il faut encore s'occuper de la résistance de l'air, et de la résistance de la suspension; or, ces résistances sont variables avec la longueur des pendules et nous avons à déterminer dans quelles conditions varient ces résistances.

Les espaces parcourus par les lentilles de deux pendules, à chaque oscillation d'une même amplitude, sont proportionnels à la longueur de ces pendules, cela n'a pas besoin d'être démontré autrement; conséquemment, la résistance de l'air pour chacune de ces oscillations, augmente dans le même rapport. Mais la durée des oscillations de ces pendules est proportionnelle à la racine carrée de leur longueur, et de ces deux causes combinées, il résulte que la résistance de l'air, *pour des temps égaux*, est réellement proportionnelle à la racine carrée de la longueur des pendules, ainsi qu'il va être démontré.

Rappelons d'abord les principes qui régissent cette question : on sait que la durée des oscillations d'un pendule augmente avec sa longueur, et proportionnellement à la racine carrée de cette longueur; ainsi le pendule qui bat les demi-secondes, c'est-à-dire qui fait son oscillation en une demi-seconde, a à fort peu près 25 centimètres de longueur; celui qui bat les secondes à une longueur 4 fois plus grande, c'est-à-dire 1 mètre environ; et celui qui fait son oscillation en 2 secondes doit avoir à fort peu près 4 mètres de longueur.

Conséquemment la durée des temps battus étant 1, 2, 4 (1/2 seconde, 1 seconde, 2 secondes), les longueurs des pendules sont 25, 100, 400, et les racines carrées de ces longueurs sont 5, 10, 20.

Mais on a $1 : 2 : 4 :: 5 : 10 : 20$ c'est-à-dire :: $\sqrt{25} : \sqrt{100} : \sqrt{400}$. Autrement dire les oscillations des pendules de longueurs différentes ont leur durée proportionnelle aux racines carrées des longueurs de ces pendules.

Cela étant, nous allons démontrer que pour des pendules de différentes longueurs, dont les oscillations ont la même amplitude, les espaces parcourus par la lentille *dans des temps égaux*, sont proportionnels aux temps que durent ces oscillations, et par suite, que les résistances de l'air, toujours dans le même temps, sont également proportionnelles à ces temps.

Si pour une oscillation du pendule battant la demi-seconde la lentille parcourt un espace $= 1$.

Pour une oscillation du pendule battant la seconde, la lentille parcourt un espace $= 4$ puisque la longueur de ce pendule est 4 fois plus grande.

Et pour une oscillation du pendule se faisant en 2 secondes, la lentille parcourt un espace 16, puisque sa longueur est 16 fois celle du 1er pendule.

Mais 1 d'espace en 1/2 seconde c'est par seconde un espace $= 2$.

   4 d'espace en 1 seconde c'est par seconde un espace $= 4$.

   16 d'espace en 2 secondes c'est par seconde un espace $= 8$.

Ainsi, pour des oscillations à amplitude égales, quand les espaces parcourus chaque seconde sont   2, 4, 8.
les durées des temps battus sont   1/2, 1, 2.

C'est-à-dire dans le même rapport, car $2 : 4 : 8 :: 1/2 : 1 : 2$.

Conséquemment les espaces parcourus par les lentilles de divers pendules, *dans le même temps*, sont entre eux comme les temps employés pour chaque oscillation entière, c'est précisément ce que je voulais démontrer!

Mais ces temps sont entre eux comme les racines carrées des longueurs des pendules, et alors, pour des pendules de longueurs différentes, les espaces parcourus par les lentilles, dans le même temps, sont proportionnels aux racines carrées des longueurs de ces pendules.

3

Or, les pertes de force dues à la résistance de l'air, toutes choses étant égales d'ailleurs, sont proportionnelles aux espaces parcourus par les lentilles, on doit donc en conclure que les pertes de force par la résistance de l'air sont entre elles, pour des pendules de longueurs différentes, comme les racines carrées des longueurs de ces pendules.

Eu égard à ces conditions, il faudrait faire les pendules aussi courts que possible, afin d'atténuer les résistances de l'air ; mais il est une autre résistance à vaincre, celle de la suspension, et celle-là augmente comme diminue la racine carrée de la longueur du pendule, de sorte que ces deux espèces de résistances croissent ou décroissent dans un ordre opposé.

Il est évident que chaque oscillation d'un pendule exigeant la flexion des lames de la suspension, la somme de ces résistances pendant un temps donné sera en raison du nombre d'oscillations dans le même temps.

Ainsi pour des pendules d'inégales longueurs, les résistances dues à leur suspension sont entre elles comme les nombres d'oscillations de ces pendules dans le même temps.

Mais les nombres d'oscillations dans le même temps sont en raison inverse des racines carrées des longueurs de ces pendules, car :

Un pendule battant des demi-secondes, fait deux oscillations par seconde, et sa longueur est à fort peu près 25 centimètres.

Celui qui bat les secondes, fait 1 oscillation par seconde, et sa longueur est de 1 mètre ou 100 centimètres.

Enfin celui qui bat de 2 secondes en 2 secondes, ne fait qu'une demi-oscillation par seconde, et sa longueur est 4 mètres ou 400 centimètres.

Ainsi les nombres d'oscillations en 1 seconde étant $:: 2 : 1 : 1/2$,
ou comme $4 : 2 : 1$.
Les longueurs des pendules sont $:: 25 : 100 : 400$,
dont les racines carrées sont $:: 5 : 10 : 20$ ou $:: 1 : 2 : 4$.

Elles sont donc en raison inverse des nombres d'oscillations.

Conséquemment il est démontré que les nombres d'oscillations de deux pendules, dans le même temps, sont en raison inverse des racines carrées des longueurs de ces pendules, et puisque l'on a vu d'autre part que les résistances des suspensions étaient entre elles comme les nombres d'oscillations de ces pendules dans le même temps, on doit en conclure :

Que pour des pendules d'inégales longueurs, toutes autres choses étant égales, les résistances des suspensions et conséquemment les pertes de forces dues à ces résistances, sont entre elles en raison inverse des racines carrées des longueurs de ces pendules.

Ainsi quand on augmente la longueur des pendules, la perte de force due à la résistance de l'air augmente, mais en même temps la perte de force due à la résistance de la suspension diminue, et toutes deux le font comme les racines carrées des longueurs de ces pendules; il s'établit donc une espèce de compensation, de sorte qu'on peut augmenter ou diminuer la longueur d'un pendule dans des limites que nous indiquerons sans craindre d'augmenter la somme des pertes de forces.

La pratique démontre d'ailleurs, que les perturbations apportées dans la marche d'un pendule par la suspension, sont prépondérantes sur celles dues à la résistance de l'air; conséquemment, il est plutôt utile que nuisible d'allonger les pendules pour en obtenir de bons résultats.

Voulant résoudre cette question expérimentalement, j'ai préparé 4 pendules dont les longueurs étaient entre elles :: 1 : 2 : 4 : 16 autrement dire ces longueurs étaient 25, 50, 100 et 400 centimètres.

Pour tous quatre, j'ai pris la même lentille, soit une sphère en plomb pesant 1,200 grammes (1k,200g) et dont la surface extérieure était de 110 centimètres carrés.

Enfin j'ai préféré une suspension à couteau en parfait état, afin de n'entraîner aucune complication de cette part, et pour approcher autant que possible du pendule simple, les tiges étaient du fil d'acier rond tiré, de 1 millimètre de grosseur; ces pendules étaient entièrement libres, c'est-à-dire dégagés de tous rouages.

Pour chacun de ces pendules, l'amplitude des oscillations n'a été comptée qu'à partir du 6ᵉ degré au delà de la verticale.

Quant au dernier degré, on a cessé de compter les oscillations lorsque l'amplitude était réduite à 2' ou 1/30 de degré, parce qu'en deçà, il devient difficile de bien apprécier.

Voici le tableau des expériences faites dans ces conditions avec les 4 pendules désignés ci-dessus.

8ᵉ TABLEAU.

L'AMPLITUDE DES DEMI-OSCILLATIONS A ÉTÉ RÉDUITE	TEMPS PENDANT LEQUEL L'AMPLITUDE A PERDU UN DEGRÉ			
	PENDULE de 25 c.	PENDULE de 50 c.	PENDULE de 1 mètre	PENDULE de 4 mètres
De 6 degrés à 5 degrés en.......	12½ "	13½ "	12½ "	6½ "
De 5 — 4 —	17 »	18 »	17 »	8 »
De 4 — 3 —	26 »	27 »	26 »	12 »
De 3 — 2 —	40 »	48 »	40 »	20 »
De 2 — 1 —	76 »	100 »	80 »	40 »
De 1 — 0 —	280 »	290 »	300 »	200 »
	451 »	496 »	475 »	286 »

On remarquera que les 3 premiers pendules ont fait, dans le même temps des dépenses de forces sensiblement égales, puisque tous trois ont perdu leur 6e degré d'amplitude en 12', leur 5e degré en 17', leur 4e degré en 26', etc.

Cependant le pendule de 50 centimètres de longueur marchait un peu plus librement que ceux de 25 centimètres et de 1 mètre, car il n'a perdu son 6e degré qu'en 13' au lieu de 12', son 5e degré qu'en 18' au lieu de 17', et son 4e degré qu'en 27' au lieu de 26'; mais ces différences sont très faibles et on peut les négliger.

Ainsi, pour ces trois pendules, il s'établit une compensation presque parfaite entre les augmentations de la résistance de l'air et les diminutions de résistance de la suspension au fur et à mesure que le pendule est plus long; dans ces limites, on peut donc pour les usages ordinaires employer indistinctement des pendules de 25, 50 et 100 centimètres de longueur sans augmenter ou diminuer la force dépensée; cependant, il ne faut pas oublier qu'il ne s'agit ici que de pendules simples, ou presque simples; nous verrons que pour des pendules composés, il y a d'autres pertes de force dont il faut tenir compte.

Pour le pendule de 4 mètres de longueur, il n'en est plus ainsi. Le tableau précédent montre que sa dépense de force est à peu près double de celle des autres pendules, *dans le même temps*, puisque ses oscillations ont perdu leur 6e degré d'amplitude en 6 minutes au lieu de 12, leur 5e degré en 8 minutes au lieu de 17, leur 4e degré en 12 minutes au lieu de 26, et ainsi de suite.

Si nous comparons les pendules de 25 centimètres et de 4 mètres de longueur, nous reconnaîtrons que pour chaque oscillation, à égalité des angles d'amplitude, la lentille de ce dernier parcourt un espace 16 fois plus grand que celle du premier; mais cette oscillation dure 4 fois plus de temps puisque le petit pendule fait une oscillation en 1/2 seconde et le grand en 2 secondes, conséquemment, *dans le même temps*, la lentille du pendule de 4 mètres parcourt un espace 4 fois plus grand que celle du pendule de 25 centimètres, elle éprouve donc de la part de l'air une résistance 4 fois plus grande, cette résistance est alors proportionnelle, comme nous l'avons déjà dit, à la racine carrée des longueurs (la racine carrée de 16 étant 4).

Si la perte de force due à la suspension restait la même, ce long pendule perdrait chaque degré d'amplitude en quatre fois moins de temps que le petit, mais le tableau nous montre que c'est seulement en deux fois moins de temps qu'il perd chaque degré; il faut donc admettre que la résistance de la suspension n'augmente pas du tout dans le même rapport que celle de l'air, et qu'il s'établit des compensations, ainsi que nous l'avons déjà expliqué.

Ce que nous venons de dire n'est exact que pour des pendules simples, des pendules dans lesquels le centre d'oscillation et le centre de figure de la lentille se confondent presque, mais pratiquement il n'en est pas ainsi, il y a des causes perturbatrices qui compliquent les effets et leurs résultats.

Généralement, la tige d'un pendule est une lame plus ou moins pesante, et le centre d'oscillation du pendule composé est loin d'être au centre de la lentille ; il est au-dessus, et d'autant plus au-dessus que la tige est plus pesante ; de là suit que le centre d'oscillation du système tend à aller plus vite que le centre de la lentille et qu'il se produit à chaque oscillation une contraction, une déformation de la tige du pendule qu'on peut voir à l'œil si on l'observe attentivement.

Supposons par exemple un pendule d'environ 25 centimètres de longuer avec une lentille de 30 à 40 centimètres de diamètre, la tige fixée au centre de la lentille étant une lame assez flexible pour céder à une petite résistance. Lorsqu'on fera osciller ce pendule, on verra qu'à chaque passage de la lentille devant la verticale, il y a une réaction qui déforme la tige, le haut de cette lentille comparé à sa tige tend déjà à revenir en arrière quand son centre marche encore en avant. Si la tige est très flexible, comme je le suppose ici, elle fléchira réellement, il y aura recul de sa partie moyenne, visible à l'œil ; mais si la tige est rigide, la réaction se portera sur les lames de suspension, de là des flexions et des résistances dont le calcul ne peut tenir aucun compte, mais qui sont une des causes pour lesquelles les pendules courts dépensent plus de force motrice que les pendules longs.

Ainsi dans la pratique il y a certaine longueur de pendule qui donne une résistance minima. Entre les pendules très longs, aux oscillations desquels l'air oppose une grande résistance, et les pendules très courts dont les lames de suspension absorbent beaucoup de force à cause du grand nombre de fois qu'elles changent de forme dans un temps donné, il y a nécessairement une longueur moyenne qui donnera la moindre résistance.

Le calcul ne peut servir seul à déterminer cette longueur, elle ne peut l'être qu'expérimentalement ; c'est dans ce but que j'ai fait un grand nombre d'expériences dont les résultats sont consignés au tableau qui va suivre.

J'ai d'abord disposé 5 lentilles exactement de même poids (1,200 gr.) la première était sphérique, et les quatre autres étaient circulaires et à faces planes parallèles au plan d'oscillation ; leurs surfaces extérieures étaient entre elles comme les nombres 1, 2, 4, 8.

Ainsi :

la surface de la lentille sphérique, celle n° 1, était de 110 centimètres carrés.

—   —   circulaire, —   2,   —   286 1/4   —

—   —   —   —   3,   —   572 1/2   —

—   —   —   —   4,   —   1,145   —

et enfin la surface de la lentille circulaire 5,   —   2,290   —

Chacune de ces lentilles a été successivement attachée à 3 tiges d'acier rond tiré, ayant 25 centimètres, 1 mètre et 4 mètres de longueur, avec suspension à ressort qui est restée la même dans toutes les expériences ; on en a fait plusieurs avec chacun des pendules, et ce sont les résultats moyens de toutes ces expériences que l'on trouve au tableau suivant :

9ᵉ TABLEAU.

L'AMPLITUDE d'une 1/2 oscillation a été réduite	Lentille sphérique N° 1 LONGUEUR			LENTILLE N° 2 LONGUEUR			LENTILLE N° 3 LONGUEUR			LENTILLE N° 4 LONGUEUR			LENTILLE N° 5 LONGUEUR		
	25	100	400	25	100	400	25	100	400	25	100	400	25	100	400
De 6 deg. à 5	10$\frac{1}{2}$	11	6	9$\frac{1}{2}$	10$\frac{1}{2}$	6	8	9$\frac{1}{2}$	5$\frac{3}{4}$	5	7	4$\frac{1}{2}$	3$\frac{3}{4}$	4$\frac{1}{2}$	4
De 5 — 4	12	15	8	12	13	8	9$\frac{1}{4}$	13	8	5$\frac{3}{4}$	8$\frac{1}{2}$	7$\frac{1}{2}$	5	6	5
De 4 — 3	20	24	12	15	18	12	12	18	12	7	12	11	6$\frac{1}{2}$	8	6$\frac{1}{2}$
De 3 — 2	28	38	20	20	28	20	18	25	20	11	17	16	8	10	10
De 2 — 1	40	75	40	30	48	36	28	45	30	22	30	28	12$\frac{1}{2}$	20	19
De 1 — 0	200	300	240	150	250	240	200	220	200	100	160	150	80	100	100
Totaux ..	310$\frac{1}{2}$	463	326	236$\frac{1}{2}$	367$\frac{1}{2}$	322	275$\frac{1}{4}$	332$\frac{1}{2}$	275$\frac{3}{4}$	150$\frac{3}{4}$	234$\frac{1}{2}$	217	115$\frac{3}{4}$	148$\frac{1}{2}$	144$\frac{1}{2}$

En consultant ce tableau on reconnaît qu'avec toutes les lentilles c'est le pendule d'un mètre de longueur qui donne les meilleurs résultats ; c'est celui des trois qui se meut avec le plus de facilité, c'est-à-dire, qui se meut le plus longtemps, avec une même impulsion, celui enfin qui dépense le moins de force motrice. Pour les pièces de haute précision il ne faudra jamais dépasser la longueur d'un mètre, car le 8ᵉ tableau nous montre que le pendule de 0ᵐ,50 est celui qui conserve la plus grande liberté.

Ainsi, avec la lentille sphérique de 1,200 grammes et 110 centimètres carrés de surface, les oscillations du pendule de 25 centimètres de longueur perdent leur quatrième degré d'amplitude en 20' celui de 4 mètres le perd en 12', tandis que celui d'un mètre ne le perd qu'en 24 minutes.

Avec la lentille n° 2 qui pèse encore 1,200 grammes et dont la surface est de 286 1/4 centimètres carrés, les oscillations du pendule de 25 centimètres perdent leur quatrième degré d'amplitude en 15 minutes, celles du pendule de 4 mètres le perdent en 12 minutes, mais le pendule d'un mètre ne perd son quatrième degré qu'en 18 minutes.

Si nous prenons la lentille n° 3, qui pèse toujours 1,200 grammes, mais dont la surface est 572 1/2 centimètres carrés, sur le pendule de 25 centimètres le quatrième degré d'amplitude est absorbé en 12 minutes, et avec le pendule de 4 mètres c'est encore 12 minutes, tandis que le pendule d'un mètre ne perd son quatrième degré d'amplitude qu'en 18 minutes.

Avec toutes les lentilles nous retrouvons des résultats analogues, c'est-à-dire qu'en raison des compensations qui s'établissent entre la résistance de l'air et celle de la suspension, c'est toujours le pendule d'un mètre pour lequel la somme de ces résistances est la moindre.

Ainsi, nous devons conclure de tout ce qui précède, qu'on ne doit employer des pendules ni trop courts ni trop longs, et qu'on obtient les meilleurs résultats avec des pendules de plus de 25 centimètres et de moins de 1m,50 de longueur.

Dans la pratique on est souvent forcé d'employer des pendules de peu de longueur, on sait maintenant à quoi s'en tenir, on sait qu'il ne faut pas donner aux pendules moins de 25 centimètres de longueur, si on ne veut pas faire une perte de force motrice assez considérable.

Presque tout ce que nous avons dit des pendules oscillant dans un plan vertical, s'applique aux pendules côniques, c'est-à-dire au pendule dont le mouvement est continu et circulaire. A chaque oscillation ce pendule parcourt une demi-circonférence, tandis que le pendule oscillant n'en parcourait que le diamètre, ces espaces sont entre eux :: 11 : 7, conséquemment, l'air oppose plus de résistance au pendule cônique qu'au pendule oscillant précisément dans ce rapport de 11 à 7: c'est donc là une cause d'infériorité.

Dailleurs, l'impulsion du pendule cônique ne se maintient que par son contact permanent avec la force motrice, c'est-à-dire par le contact de la manivelle motrice avec la tige du pendule; si cette force motrice vient à varier, de suite la marche du pendule en est affectée; dans ce cas, le régulateur est fortement influencé par le moteur, et il en subit toutes les variations; il ne peut donc régulariser la marche de l'horloge comme le ferait un pendule oscillant dont l'amplitude des oscillations peut varier sans que leur durée éprouve de différence sensible; conséquemment, le pendule cônique est loin d'offrir les mêmes éléments de régularité que le pendule ordinaire.

En outre, le frottement de la tige du pendule et de la manivelle placée sur le dernier moteur est généralement plus grand que celui d'un échappement bien établi, puisqu'il a comme étendue la longueur de la circonférence de cette tige; ce frottement est un glissement, il cause donc une dépense de force assez grande ; ensuite il est excessivement difficile de faire coincider le centre de suspension du pendule et l'axe du dernier mobile ou rouage portant la manivelle d'impulsion ; ces deux points sont rarement sur la même verticale ; de là des excentricités qui donnent encore des résistances absorbant beaucoup de force motrice.

Ajoutons que toute trépidation du sol, toute agitation de l'air, fait dévier ce pendule de sa route circulaire, ce qui augmente les frottements de la tige et de la manivelle ; toutes ces considérations doivent faire rejeter le pendule conique qui n'est à bien dire qu'une singularité en horlogerie, un caprice, et qui ne sera jamais un régulateur aussi parfait que le pendule ordinaire.

Force motrice.

Nous avons étudié chacune des résistances qui absorbe le mouvement d'un pendule, il est évident que ce mouvement finirait par être réduit à zéro si au moyen d'une force motrice quelconque on ne restituait pas au pendule, à chaque oscillation, la quantité de mouvement qu'il a perdu ; c'est-à-dire celle qui a servi à vaincre toutes les résistances qui ont eu cours durant cette oscillation.

Il nous reste donc à indiquer par quels moyens, par quels calculs, on peut déterminer cette quantité de mouvement, c'est-à-dire quelle force motrice il faut pour mouvoir une horloge avec une amplitude donnée.

Nous avons dit précédemment que la force dépensée augmentait avec l'amplitude des oscillations du pendule ; nous aurons donc à établir ces calculs pour les diverses amplitudes en usage, et comme dans une bonne pratique on ne doit pas donner aux demi-oscillations d'un pendule plus de 6 degrés d'amplitude nous n'irons pas au delà.

Nous rappelons d'ailleurs que la force dépensée est proportionnelle à la racine carrée de la surface du pendule ; qu'elle est la même, dans l'unité de temps, quel que soit le poids de ce pendule, et enfin, qu'elle augmente un peu plus que proportionnellement à l'amplitude de ses oscillations.

Nous établirons les calculs pour un pendule battant la seconde et pesant 2,400 grammes ; c'est un de ceux avec lequel nous avons déjà expérimenté, les résultats de ces expériences étant consignés au 7e tableau de ce mémoire.

En nous aidant de l'échelle des impulsions figure 3, et des principes sur lesquels elle est fondée, nous trouverons facilement que la force d'impulsion de ce pendule à l'amplitude

10ᵉ TABLEAU.

De 6 degrés pour la demi-oscillation est égale de $2400 \times \frac{10,45}{100} = 250$ grammes.

De 5 —	—	—	$2400 \times \frac{8,7}{100} = 208$	—
De 4 —	—	—	$2400 \times \frac{6,97}{100} = 167$	—
De 3 —	—	—	$2400 \times \frac{5,23}{100} = 125$	—
De 2 —	—	—.	$2400 \times \frac{3,49}{100} = 84$	—
De 1 —	—	—	$2400 \times \frac{1,74}{100} = 42$	—

Or, si nous nous reportons à la 3ᵉ colonne du 7ᵉ tableau, nous y voyons que le pendule perd son 6ᵉ degré d'amplitude en 8', c'est-à-dire en 480 oscillations; conséquemment, il perd $250 - 208 = 42$ grammes de sa force impulsive pendant ce temps, ce qui fait une perte moyenne pour chaque oscillation de $\frac{42}{480} = 0,0875$ grammes.

Nous voyons au même tableau que le pendule perd son 5ᵉ degré d'amplitude en 9' 45" soit en 585 oscillations, et comme du 5ᵉ au 4ᵉ degré la force impulsive tombe de 208 à 167 grammes soit de 41 grammes, il en résulte que moyennement la perte d'impulsion pour chaque oscillation est de $\frac{41}{585} = 0,07$ grammes.

Continuant de la même manière, puisque la force impulsive tombe de 167 grammes à 125, quand l'amplitude descend de 4 à 3 degrés, ce qui a lieu en 13' 45", ou 825 oscillations, la perte pour chaque oscillation est alors de $\frac{42}{825} = 0,05$ grammes.

L'amplitude passe de 3 à 2 degrés en 18' 30" ou 1110 oscillations, et la force impulsive descend de 125 grammes à 84, soit une diminution de 41 grammes, ce qui fait en moyenne pour chaque oscillation $\frac{41}{1110} = 0,037$ grammes.

Enfin, le 2ᵉ degré d'amplitude se perd en 34', durant lesquelles le pendule fait 2,040 oscillations; or, la force impulsive descend dans le même temps, de 84 à 42 grammes, c'est-à-dire qu'elle diminue de 42 grammes, et qu'alors en moyenne, elle diminue pour chaque oscillation de $\frac{42}{2040} = 0,0206$ grammes.

En résumé, ces calculs nous font connaître que pour un pendule pesant

2,400 grammes et qui bat les secondes, la perte de force impulsive, pour chaque oscillation, est :

11ᵉ TABLEAU.

De 0ᵍ.0875 lorsque l'amplitude descend de 6 degrés à 5 degrés.						
De 0ᵍ,0700	—		—	5	— 4	—
De 0ᵍ,0500	—		—	4	— 3	—
De 0ᵍ,0370	—		—	3	— 2	—
De 0ᵍ,0206	—		—	2	— 1	—

Il faut remarquer que ces résultats sont des moyennes; ainsi, une force motrice qui rendrait à ce pendule 0,0875 grammes d'impulsion par chaque oscillation, ne suffirait pas pour entretenir ces oscillations à l'amplitude de 6°, de même qu'elle serait trop grande pour les entrenir à l'amplitude de 5°.

En s'y prenant de la même manière, on pourrait faire un tableau semblable pour un autre pendule, cela ne présentant aucune difficulté sérieuse, il me suffit d'avoir donné cet exemple de la méthode.

Pour entretenir la continuité du mouvement du pendule, il faudrait donc appliquer en son centre de gravité, une force impulsive égale à celle perdue, dont nous trouvons la valeur dans le tableau qui précède; mais ce n'est pas ainsi que les choses se passent ordinairement : la force est restituée au pendule par la roue d'échappement qui la reçoit du moteur, qu'il soit à poids ou à ressorts, peu importe. Or, les dents de cette roue agissent par pression sur les becs inclinés de l'échappement, c'est-à-dire à l'extrémité des bras dudit échappement, et alors cette action doit être d'autant plus intense, que ces bras sont plus courts : ainsi, quand la distance du centre de suspension au bec de l'échappement est un 10ᵉ de la distance du même point, au centre de gravité du pendule, il faut que la pression sur ce bec soit 10 fois plus grande que si elle s'exerçait au centre de gravité, de sorte que pour maintenir une amplitude moyenne de 5 1/2 degrés par exemple, la force qui doit être de 0,0875 grammes d'après le 10ᵉ tableau, si elle agit au centre de gravité du pendule, devra être de 0ᵍ 0875 × 10 = 0,875 grammes si elle agit sur l'échappement, c'est en raison inverse des distances au centre de suspension.

Les forces précédemment calculées ne sont que celles absorbées par le pendule seul, c'est-à-dire par les résistances que l'air et la suspension lui opposent. Mais dans une horloge complète, il existe beaucoup d'autres résistances à vaincre, il y a les frottements de l'échappement, et ceux de son axe, ceux de la fourchette contre le pendule, les frottement des dents et ceux des pivots des divers rouages, depuis la roue d'échappement jusqu'au moteur, les résistances passives de ce moteur lui-même, de ses poulies et de ses cordes s'il est à poids, ou de la flexion des lames s'il est à ressort, et enfin la conduite des aiguilles, le déclanchement des sonneries, etc.

Il faudrait donc mesurer chacune de ces résistances et en tenir compte dans l'évaluation totale de la force motrice nécessaire, mais cette détermination n'est pas facile, elle exigerait de si nombreuses expériences qu'on est forcé d'y renoncer; d'ailleurs, on conçoit que ces résistances ou frottements varient considérablement avec le plus ou moins de soins dans l'exécution et la pose de toutes les parties de l'horloge; pratiquement, et pour les pièces d'une bonne exécution, on sera très près de la vérité en estimant la somme de toutes les résistances autres que celles du pendule, à la même quantité que celle de ce pendule lui-même, lorsque l'amplitude de ses oscillations se trouve entre 4 et 5 degrés.

Il est bon de ne donner à la levée de l'échappement, c'est-à-dire à la conduite de l'impulsion, qu'environ les 2 tiers de l'espace angulaire que l'amplitude de l'oscillation fait parcourir aux becs de l'échappement; s'il n'en était pas ainsi, le moindre dérangement dans l'aplomb de la pièce d'horlogerie, en causerait l'arrêt, ce qu'il faut éviter.

On obtient donc de bons résultats, c'est-à-dire une marche continue et régulière malgré quelques défauts dans la concentricité des pièces et la verticalité de l'axe des oscillations, en donnant aux plans inclinés des becs de l'échappement, environ un tiers moins de parcours ou de levée qu'à l'arc total du pendule; d'ailleurs, cette réduction ne diminue rien de la force impulsive, ainsi que je l'ai démontré dans un mémoire publié il y a une vingtaine d'années, dans lequel j'ai traité tout particulièrement les échappements.

Dans ce qui précède, je n'ai indiqué que la force d'impulsion perdue par le pendule à chaque oscillation, force qu'il faut lui restituer aussi à chaque oscillation; mais je n'ai point évalué cette force en travail moteur proprement dit, c'est ce que je vais faire afin de compléter cette partie de mes recherches.

On sait que tout travail moteur s'évalue en kilogramètres, *un kilogramètre étant le travail qui élève un kilogramme à la hauteur d'un mètre.*

Ainsi, par exemple, si une horloge qui marche 15 jours sans être remontée a pour moteur un poids de 8 kilogrammes, et que ce poids descende de 2 mètres en 15 jours, on dira que le travail moteur dépensé durant ce temps a été de $8^k \times 2^m = 16$ kilogramètres, conséquemment, c'est $\frac{16}{1296000} = 0,000012$ kilogramètres par oscillation du pendule, si ce pendule bat les secondes, attendu que dans 15 jours il y a 1,296,000 secondes.

Voici d'ailleurs comment on parviendrait aux mêmes résultats, en analysant chacune des résistances qu'il faut vaincre pour entretenir la marche de cette horloge.

Admettons que son pendule pèse 2,400 grammes et que l'amplitude de ses oscillations soit de 4 1/2 degrés, sa longueur étant d'un mètre ou 1,000 millimètres.

En consultant l'échelle des impulsions, figure 3, on trouve, en supposant l'angle A C a de 5 degrés, que son sinus $a s$ vaut 87,1 millimètres, si le rayon C A vaut 1,000 millimètres; alors le co-sinus $c s$ du même angle vaut 996 millimètres; et le sinus verse s A dudit angle est de 4 millimètres.

Lorsque la lentille de ce pendule descend de a en A, sa chute verticale est donc de 4 millimètres, et le travail moteur de cette chute est égal à $2^k,4 \times 0^m,004 = 0,0096$ kilogramètres (le poids du pendule étant de $2^k,4$).

Quand l'oscillation n'a plus que 4 degrés d'amplitude, soit l'angle A C a', le sinus de l'angle A C a' est $a' s'$ et vaut 69,75 millimètres, son co-sinus $a' s'$ vaut 997,6 millimètres et son sinus verse s' A est de 2,4 millimètres; conséquemment, le travail moteur de la chute du pendule de a' en A, est de $2^k,4 \times 0^m0024 = 0,00576$ kilogramètres.

Ainsi, le travail moteur absorbé par les résistances qui s'opposent au mouvement d'un pendule, pendant qu'il perd son 5e degré d'amplitude, est la différence des 2 résultats précédents, c'est-à-dire, 0,0096 — 0,00576 = 0,00384 kilogramètres; or, on sait que cette absorption de force se fait en 9' 45", ou 585 oscillations, donc le travail moteur absorbé par chaque oscillation est en moyenne de $\frac{0,00384}{585} = 0,0000064$ kilogramètres.

Cette dépense de force motrice pour chaque oscillation, pourrait donc conserver au pendule une amplitude moyenne de 4 1/2 degrés, mais il n'y a pas que le pendule à mouvoir, dans une horloge, il faut encore vaincre les résistances de l'échappement et de tous les rouages, et nous avons dit qu'elles étaient sensiblement égales à celles du pendule, de sorte que nous pouvons estimer la dépense totale de travail moteur à faire pour chaque oscillation, au double de 0,0000064, c'est-à-dire 0,0000128 kilogramètres, ce qui est fort approché, comme on voit, du résultat trouvé précédemment; car en 24 heures ou 1 jour, le pendule fait $3,600 \times 24 = 86,400$ oscillations, il dépense donc 86,400 fois 0,0000128 kilogramètres de travail moteur; et $0,0000128 \times 86,400$ font 1,105 kilogramètres par jour, ou 16 1/2 kilogramètres en 15 jours, ainsi que nous l'avons trouvé en le calculant d'après la chute du poids moteur pendant 15 jours.

Du Balancier circulaire

EMPLOYÉ DANS LES MONTRES, LES PIÈCES DE VOYAGE ET LES CHRONOMÈTRES.

On sait que pour les montres, les chronomètres et toutes les pièces portatives servant à mesurer le temps, ce n'est pas un pendule qui régularise la marche, mais un balancier circulaire dont les vibrations sont déterminées par l'élasticité d'un ressort spiral. Dans le premier, c'est la pesanteur qui produit la chute ou oscillation du pendule; dans le second, c'est l'élasticité d'un ressort spiral qui fait vibrer le balancier; l'une ou l'autre devient l'action régulatrice du mouvement de ces instruments.

Presque tout ce qui a été démontré précédemment pour le pendule est applicable au balancier; ainsi, pour le pendule, l'absorption du mouvement par la résistance de l'air est proportionnelle à la racine carrée de la surface de ce pendule, et pour le balancier circulaire c'est absolument la même chose; conséquemment, pour diminuer ces résistances, on doit réduire autant que possible la surface des balanciers.

Nous avons dit précédemment que les formes rondes étaient celles qui convenaient le mieux pour les jantes et les bras des balanciers (voir le 6e tableau), parce que ce sont elles qui renferment le plus de matière sous la plus petite enveloppe, c'est-à-dire sous une moindre surface; dès lors, les balanciers à jantes et bras arrondis offrent moins de prise à la pression atmosphérique, ils sont donc moins sujets à être dérangés dans leur marche par suite des variations dans la hauteur barométrique.

D'un autre côté, ce qu'on nomme la puissance réglante d'un balancier, c'est le produit de son poids par sa vitesse, c'est donc sa quantité de mouvement, ou bien c'est le produit de son poids par la longueur de l'arc de la vibration. Les éléments de ce produit peuvent varier de plusieurs manières sans que ledit produit ou puissance réglante cesse d'avoir la même valeur.

Ainsi, en doublant le poids du balancier et dédoublant sa vitesse; ou en dédoublant le poids et doublant la vitesse, on obtient toujours la même puissance réglante. Cependant, il n'est pas tout à fait indifférent d'adopter l'un ou l'autre de ces résultats.

Supposons un balancier pesant 10 grammes et parcourant un arc de 50 millimètres de longueur à chaque vibration, la puissance réglante sera exprimée dans le cas, par 500, c'est-à-dire par $10^g \times 50^{mll}$. Si nous faisons le balancier de 5 grammes seulement en lui donnant un diamètre double, auquel cas chaque point de sa jante parcourra 100 millimètres par vibration, l'amplitude angulaire de la vibration ne changeant pas; la puissance réglante sera encore égale à 500, c'est-à-dire égale à 5ᵍ × 100ᵐⁱˡ.

Si au contraire nous donnons au premier balancier un poids de 20 grammes en réduisant son diamètre à moitié, l'angle de vibration restant le même, la longueur de l'arc parcouru ne sera plus que de 25 millimètres, et cependant la puissance réglante sera encore 500, soit 20ᵍ × 25ᵐⁱˡ.

Effectivement, dans ces différents cas, la puissance réglante est restée la même, mais la vitesse, c'est-à-dire l'espace parcouru, a été doublée dans le second cas et dédoublée dans le troisième; or, nous avons dit que la résistance de l'air était d'autant plus grande que la vitesse était plus grande, donc il n'est pas indifférent de prendre l'un ou l'autre de ces balanciers quoique renfermant en eux-mêmes des puissances réglantes égales, et cela est d'autant moins indifférent, que les pièces auxquelles ces balanciers sont appliqués doivent avoir une plus grande précision.

Cependant, il ne faut pas croire qu'en doublant le diamètre du balancier, auquel cas sa vitesse est doublée, on ait aussi doublé la résistance de l'air; il n'en est pas précisément ainsi, attendu que la surface extérieure de l'anneau de ce balancier, celle qui est soumise à la pression atmosphérique, est restée la même.

En effet, la grosseur de l'anneau du balancier doublé en diamètre, doit être moitié de celle de l'anneau du premier balancier, car alors la surface de sa section transversale est 1/4 de celle du premier balancier; or, une section 1/4 multipliée par une longueur double = 2, donne pour produit 1/4× 2 =1/2, c'est-à-dire la moitié du précédent, mais ce produit c'est le volume de l'anneau, c'est son poids, qui ne doit être en effet que la moitié de celui du premier balancier.

Le périmètre de ce second anneau n'est que la moitié de celui du premier, sa grosseur étant également moitié, un périmètre = 1/2 multiplié par la longueur qui est double ou 2 donne pour surface 1/2 × 2 = 1, c'est-à-dire la même surface que celle du premier anneau.

Dans le 3ᵉ exemple que j'ai cité précédemment, pour réduire le diamètre du premier balancier de moitié et doubler son poids, il faut que l'anneau soit doublé de grosseur.

Dans ce cas, la section de cet anneau est 4, et en la multipliant par une longueur moitié ou 1/2 on a 4 × 1/2 = 2, c'est le volume ou poids de l'anneau.

Quant à sa surface, sa grosseur étant double, son périmètre est double aussi = 2, et en le multipliant par la longueur de cet anneau qui n'est que moitié ou 1/2, on a la surface dudit = 2 × 1/2 = 1, autrement dire la surface du second balancier est la même que celle du premier.

Dans ce dernier cas, il est évident que l'action de l'air sur le balancier est un minima, car si la surface pressée est la même, l'espace parcouru n'est que moitié, d'où il faut conclure, en partant de ce point de vue, que les meilleurs balanciers sont les plus pesants et les plus petits.

Il résulte de cette étude, que pour les balanciers comme pour les pendules, les résistances de l'air absorbent la force motrice proportionnellement à la racine carrée de leur surface, et aussi proportionnellement à la racine carrée de l'espace parcouru.

Faisant vibrer un balancier en vertu de la force élastique du ressort spiral, il perdra l'amplitude de ses vibrations absolument comme le balancier perd l'amplitude de ses oscillations, et le nombre de vibrations de ce balancier pendant lesquelles il perdra tel ou tel degré d'amplitude, sera proportionnel au poids dudit balancier, absolument comme on l'a vu pour le pendule.

Mais le nombre de vibrations dudit balancier sera bien moindre que celui des oscillations du pendule dans le même cas, attendu que la résistance due au frottement de l'axe du balancier, relativement au poids dudit, est bien plus considérable que la résistance de la suspension du pendule, relativement à son poids.

C'est à raison de ces différences que les pièces d'horlogerie ayant pour régulateur un balancier circulaire, exigent comparativement une force motrice plus grande que celles qui ont un pendule pour régulateur.

D'ailleurs, la puissance réglante du balancier est d'autant plus grande que son poids est plus grand, ainsi que nous l'avons reconnu pour le pendule. Dans la pratique, il est vrai qu'il n'en est pas absolument ainsi, parce que le déplacement des molécules du ressort spiral à chaque vibration, et le frottement de l'axe de ce balancier, augmentant avec le poids dudit, il en résulte des résistances qui dérangent un peu les prévisions théoriques; cependant le principe n'en existe pas moins.

Enfin il y a avantage, pour le balancier comme pour le pendule à les faire assez pesants, attendu que leur puissance réglante augmentant en raison de ce poids, elle domine alors toutes les petites variations accidentelles des résistances de l'air, des frottements, de la force motrice, et alors les mouvements sont plus réguliers.

Si les pièces portatives ordinaires, telles que montres, pièces de voyage, etc,, étaient munies de balanciers plus pesants qu'ils ne le sont généralement, leur marche serait bien plus satisfaisante.

Il y a beaucoup d'horlogers qui sont persuadés qu'en augmentant le poids du balancier, ils sont obligés d'augmenter le diamètre des pivots qui le supportent dans le même rapport; et comme dans ce cas, les frottements augmenteraient dans ce rapport, ils aiment mieux s'abstenir. Ils sont dans l'erreur jusqu'à un certain point, la résistance d'un pivot n'est pas proportionnelle à son diamètre. Suivant plusieurs auteurs elle est proportionnelle au cube du diamètre. Ainsi lorsqu'un pivot d'un millimètre de diamètre résiste à une pression déterminée, le pivot de 2 millimètres résiste à une pression 8 fois plus grande, le pivot de 3 millimètres résiste à une pression 27 fois plus grande; celui de 4 millimètres à la pression 64 et ainsi de suite. Ce sont là des résultats théoriques, il est vrai, mais assez près de la vérité; d'ailleurs, pour ne courir aucun risque, admettons que la résistance des pivots croisse seulement comme les carrés de leurs diamètres, il en résultera que, si le pivot d'un millimètre résiste bien à l'action d'un poids ou d'une force donnée, le pivot de 2 millimètres résistera également bien à l'action d'un poids quadruple, celui de 3 millimètres résistera à une force 9 fois plus grande, et ainsi de suite.

De là suit que le diamètre des pivots et par suite leur frottement augmentent dans des proportions bien moindres que l'action exercée contre les parois intérieures des trous ou des coussinets par le poids ou la force qu'ils supportent.

Dans les balanciers circulaires employés comme régulateurs, le ressort spiral ramène le balancier, à chaque vibration, en un certain point mort qu'on appelle le zéro de tension, parce qu'en cette place le ressort n'exerce plus aucune action; il y a repos, absolument comme le pendule lorsqu'il se trouve dans la verticale menée par le point de suspension.

Le pendule arrivé dans la verticale la dépasse en vertu du mouvement acquis pendant la demi-oscillation précédente, et c'est lorsque ce mouvement est consommé qu'il redescend, sollicité alors par la pesanteur terrestre, et revient dans la verticale qu'il dépasse encore par la vitesse acquise, et ainsi de suite. Quant au balancier c'est la même chose, mais la force est d'une nature différente, c'est l'élasticité du ressort spiral. Lorsqu'il est arrivé au zéro de tension du ressort, il possède une certaine quantité de mouvement acquise pendant la demi-vibration qu'il vient de faire, il continue donc sa route circulaire en bandant le ressort, puis quand ce mouvement est dépensé, la vibration est complète, et le balancier sollicité par le ressort revient sur ses pas, et arrive encore une fois au point mort, le dépasse en vertu de la vitesse acquise, et finit la vibration pour en recommencer une nouvelle; il y a donc une très grande analogie entre ces deux espèces de mouvement.

Le pendule obéissant uniquement à la pesanteur, et décrivant des arcs de cercle plus ou moins grands, la durée de ses oscillations devient plus grande à mesure que leur amplitude augmente. L'isochronisme, c'est-à-dire l'égalité des temps battus, n'existe donc pas naturellement, ce qui est une des grandes difficultés en horlogerie; cependant, lorsque les amplitudes ne varient qu'entre 1 et 2 degrés, les oscillations se font sensiblement dans des temps égaux.

Avec le balancier, on obtient plus facilement l'isochronisme des vibrations parce qu'on peut disposer le ressort spiral de manière que son énergie (son élasticité) augmente à mesure que l'amplitude de la vibration devient plus grande, alors on obtient une égalité parfaite dans la durée des grandes et des petites vibrations, c'est-à-dire un isochronisme réel.

C'est à Pierre Leroy que l'on attribue l'idée première de ces procédés qui permettent de faire des pièces d'horlogerie marchant avec la plus grande précision.

Donnant au ressort spiral une force élastique en rapport avec le poids du balancier, et faisant croître sa résistance et conséquemment sa réaction avec l'amplitude des vibrations de ce balancier, on parvient à précipiter le retour dudit balancier de manière que les grands arcs sont parcourus dans un temps parfaitement égal à celui employé pour parcourir les petits, en d'autres termes, on obtient l'isochronisme parfait.

Cette progression dans la résistance du ressort varie nécessairement avec la longueur de sa lame, et le problème à résoudre est de trouver la force élastique qui convient au poids du balancier que le ressort doit mouvoir; si la progression de la résistance est trop rapide, les grands arcs sont parcourus dans un temps plus court que les petits, alors le ressort est trop fort ou pas assez long; si au contraire les petits arcs sont parcourus plus rapidement que les grands, c'est que le ressort est trop faible ou trop long; avec l'habitude, des artistes habiles parviennent à préparer ces ressorts et à régler des horloges marines avec une si grande précision qu'elles ne varient pas de 2 secondes en un mois.

Cependant ils n'obtiennent pas toujours des résultats identiques, tout en donnant les mêmes soins au travail. Il y a une foule de petites causes accidentelles, qu'on ne peut prévoir et qui défient les mesures les mieux prises; en cette matière, le meilleur ouvrier ne peut pas toujours répondre du succès.

Toutefois, il est à souhaiter que dans l'établissement des pièces d'horlogerie portatives pour l'usage civil, on raisonne mieux qu'on ne le fait souvent, la force motrice, les forces perturbatrices, la puissance réglante du balancier et l'élasticité progressive du ressort spiral, afin d'obtenir de meilleurs résultats.

C'est surtout sur le poids du balancier qu'il conviendrait de s'exercer; nul doute qu'en le faisant plus pesant on obtienne de meilleurs résultats, car l'expérience l'a déjà prouvé. Les chronomètres, dont la marche est si régulière, ont des balanciers 10 fois, 20 fois plus pesants que ceux des montres ordinaires; la voie du bien est donc tracée. Sans doute on ne pourra jamais adopter pour les pièces ordinaires, des balanciers aussi pesants que ceux des pièces de précision, car cela exigerait une augmentation de volume et de force motrice que la montre usuelle ne peut pas supporter, mais on pourrait, sans inconvénient, je crois, doubler

4

et même tripler le poids des balanciers de ces montres sans aucun inconvénient.

Ainsi la montre avec échappement à palettes n'éprouverait certainement pas une avance aussi grande, par suite de la diminution de la force impulsive quand les huiles viennent à manquer, à épaissir, si le balancier était plus pesant ; et la montre avec échappement à cylindre n'éprouverait pas les retards qu'elle éprouve par les mêmes causes et surtout quand le cylindre manque d'huile, si la puissance réglante était plus grande.

Dans des limites de température assez étendues, entre 10 degrés au-dessous de zéro et 20 ou 25 degrés au-dessus, on obtient assez rigoureusement l'isochronisme des vibrations d'un balancier circulaire, en réglant convenablement la compensation et son ressort spiral, ainsi que nous l'avons dit ci-dessus; mais lorsque la température dépasse 25 à 30 degrés centigrades, généralement les chronomètres retardent.

Ce retard peut être attribué à diverses causes : d'abord à une progression de dilatation un peu plus sensible lorsque la température s'élève au delà de 25 à 30 degrés, puis à l'allongement du ressort spiral et peut-être aussi à un relâchement de son élasticité par suite de l'élévation de la température, alors il a moins d'énergie et n'imprime plus une vélocité suffisante au retour du balancier lors de la fin de sa vibration : l'isochronisme et la compensation cessent alors d'être parfaits.

On pourrait peut-être corriger ces deux défauts par un excédant de compensation au delà de cette température. Ce problème ne peut être résolu que par des expériences très délicates que peuvent faire seuls les horlogers très versés dans ces sortes de travaux.

Il existe une analogie très remarquable entre les oscillations des pendules et les vibrations des balanciers, relativement à la longueur desdits pendules et celle des ressorts spiraux qui déterminent ces oscillations et ces vibrations. Elle a été signalée, il y a quelques années, par M. Phillips, ingénieur des mines, qui l'a étudiée avec beaucoup de soins.

Voici cette analogie : les nombres d'oscillations que donne un pendule dans un temps donné, aussi bien que les nombres des vibrations d'un même balancier aussi dans un temps donné, sont proportionnels à la racine carrée de la longueur du pendule dans le premier cas, et proportionnels à la longueur du ressort spiral dans le 2e cas.

M. Phillips a non-seulement découvert cette curieuse loi, mais il a encore déterminé les formes que doivent avoir les extrémités du ressort spiral pour donner l'isochronisme; il a étudié les influences de la concentricité de l'axe du balancier et le maintien du centre de gravité de l'ensemble sur cet axe, afin d'éviter toute poussée de ce balancier contre les pivots. Ce travail mérite une très sérieuse attention de la part des hommes qui s'occupent de haute horlogerie.

•

De l'isochronisme des oscillations des pendules.

Nous avons vu dans ce qui précède que les oscillations d'un même pendule n'étaient point isochrones, lorsque les amplitudes de ces oscillations sont différentes; c'est une des plus grandes plaies de l'horlogerie que ce défaut d'isochronisme, et bien des tentatives ont été faites pour y remédier.

On a placé des courbes cycloïdales de chaque côté des lames de suspension pour servir de guides à ces lames; dans cette disposition, quand le pendule quitte la verticale, soit à droite, soit à gauche, la lame ou la soie de la suspension s'applique contre la courbe, et le pendule se trouve progressivement raccourci, de sorte que le retour de l'oscillation est accéléré, et d'autant plus que l'amplitude a été plus grande, on pouvait obtenir ainsi l'isochronisme des oscillations.

Cette disposition, qui a été indiquée par Huyghens, n'a pas tardé à être abandonnée, car on a reconnu qu'elle n'atteignait le but qu'autant que les amplitudes étaient fort grandes; or, l'expérience prouve que les oscillations suivant de grands arcs absorbent beaucoup de force motrice tant par la résistance de l'air que par celle de la suspension; on a donc été forcé de renoncer à cet emploi des courbes cycloïdales, le remède étant pire que le mal.

En 1845, M. Laugier, de l'académie des sciences, et M. Winnerl, célèbre horloger, ont indiqué le moyen de résoudre cette question par la résistance même des lames de la suspension; en faisant ces lames plus ou moins épaisses, suivant le poids du pendule, sa longueur et son amplitude. On comprend que plus les lames de la suspension sont épaisses, plus elles résistent, et plus alors elles limitent l'étendue des arcs d'oscillation, en même temps qu'elles précipitent le retour du pendule par la tension qu'elles acquièrent vers la fin de l'oscillation.

Ajoutons que plus ces lames sont épaisses, plus est allongée la courbure qu'elles prennent à partir du pince-lames, plus alors descend le centre de suspension ou de mouvement au passage de la verticale, et plus il remonte, c'est-à-dire plus le pendule se raccourcit à mesure qu'il s'éloigne de cette verticale. Toutes ces causes réunies pouvaient bien donner l'isochronisme des oscillations, mais accidentellement, ce n'était pas là une solution satisfaisante.

D'autres horlogers ont voulu résoudre le problème en plaçant des ressorts sur les côtés de la tige du pendule, à une hauteur déterminée par tâtonnements. Cette tige vient donc s'appuyer contre lesdits ressorts lorsque les oscillations ont telle ou telle amplitude; alors ils réagissent et renvoient le pendule; cette réaction est d'autant plus intense que l'amplitude était devenue plus grande; on peut certainement parvenir ainsi à l'isochronisme, sinon parfait, du moins fort approximatif.

J'ai fait aussi quelques efforts pour trouver une solution de ce problème, dont tous les horlogers désireux de perfectionner leur art se sont occupés; j'ajoutais un petit pendule auxiliaire qui était relié avec le grand et mis en mouvement par lui; ce sont pour ainsi dire deux pendules conjugués, placés dans cette condition, que si l'amplitude des oscillations augmente, les arcs parcourus par le petit pendule augmentent dans une proportion plus grande que les arcs parcourus par le grand, de sorte que si les oscillations du grand pendule acquièrent une amplitude trop grande, il est sollicité par le petit pendule à revenir vers la verticale avec une puissance d'autant plus énergique que l'augmentation d'amplitude est plus sensible; je parvenais ainsi à l'isochronisme; les résultats que j'obtenais n'étaient ni meilleurs ni pires que les autres.

Ces diverses solutions du problème de l'isochronisme ont plus ou moins bien atteint le but, mais elles pèchent toutes de la même manière, elles n'ont rien de général, ce sont des tâtonnements et non des méthodes.

Pour l'une la forme des courbes directrices, pour l'autre l'épaisseur des lames de suspension, pour la troisième l'élasticité et la place des ressorts, pour la dernière la longueur et le poids du pendule auxiliaire, sont autant de recherches longues et coûteuses qu'il faut recommencer à chaque fois; il n'y a donc pas là de solution satisfaisante de cet important problème. Espérons que l'avenir nous réserve quelque chose de mieux que tout ce qui a été trouvé jusqu'à ce jour, c'est encore un grand pas à faire en horlogerie.

Des pièces intermédiaires

ENTRE LE PENDULE OU LE BALANCIER ET LE MOTEUR.

Jusqu'alors les seules parties des machines à mesurer le temps dont nous nous soyons occupé sérieusement dans ce mémoire, sont le pendule et le balancier circulaire, c'est-à-dire les régulateurs de ces machines. C'est en effet la pièce capitale puisque c'est d'elle que dépend la sûreté de la marche, l'exactitude et la précision des indications fournies par l'instrument.

Mais entre le pendule et le moteur (poids ou ressort) il existe quantité de pièces qui interviennent dans la transmission de l'action du moteur au régulateur; ces pièces ne sont que secondaires, il est vrai, mais lorsqu'elles sont mal entendues ou mal exécutées elles peuvent apporter des perturbations nuisibles dans la marche générale et en compromettre les résultats.

Nous ne nous occuperons pas des rouages, mais nous dirons quelques mots :

1° Du pince-lames de la suspension.

2° De la position du centre de mouvement de la suspension du pendule, relativement à la face inférieure du pince-lames.

3° De l'axe de l'échappement, de la fourchette et du contact de cette dernière avec le pendule.

4° Du frottement de l'échappement proprement dit.

5° De la solidarité de la lentille du pendule avec sa tige.

Nous allons donc examiner ces diverses parties et indiquer les précautions qu'on doit prendre pour dégager le pendule et lui conserver toute liberté, afin d'obtenir par lui une marche régulière et assurée, enfin nous dirons quels inconvénients on peut rencontrer dans l'établissement de ces pièces.

Le plan dans lequel oscille le pendule doit être bien vertical et l'axe de l'échappement doit être parfaitement perpendiculaire à ce plan, ainsi que la plupart des axes de mouvement.

Les bords inférieurs et les faces internes du pince-lames, contre lesquels s'appuie la suspension, qu'elle soit à lames ou à soie, doivent être rigoureusement parallèles à l'axe de l'échappement, et dès lors perpendiculaires au plan des oscillations.

Lorsque ces conditions sont bien remplies, les frottements latéraux, c'est-à-dire dans le sens horizontal, qui ont lieu au contact de la fourchette avec la tige du pendule, se trouvent presque nuls.

On anéantit de même les frottements de la fourchette sur la tige, dans le sens vertical, en ayant soin que le pince-lames soit convenablement placé. Ainsi, pour les suspensions à soie, ou pour celles à lames excessivement faibles, il faut que le dessous du pince-lames soit exactement à la même hauteur que l'axe de l'échappement; mais lorsque les lames de suspension sont plus ou moins épaisses, il faut que la face inférieure du pince-lames soit un peu plus élevée que l'axe de l'échappement, et d'autant plus, que l'épaisseur de la suspension est plus grande, parce que le centre moyen du mouvement du pendule descend d'autant plus que l'épaisseur des lames de suspension est plus considérable.

Enfin, on doit faire en sorte que le centre moyen du mouvement du pendule soit toujours à la même hauteur que l'axe de la fourchette qui est aussi celui de l'échappement.

Dans les pièces d'horlogerie bien entendue, on doit placer le centre moyen du mouvement du pendule à 2, 3, 4, et même 5 millimètres plus bas que la face inférieure du pince-lames. Si l'on ne tient pas compte de ces diverses hauteurs dues au plus ou moins d'épaisseur des lames de suspensions, il en résulte à chaque oscillation un frottement dans le sens vertical au contact de la fourchette avec la tige du pendule; frottement nuisible à la bonne marche de la pièce. De même, le contact de la fourchette avec la tige du pendule doit toujours avoir lieu au centre de cette tige, et dans un plan parallèle à son mouvement qui passe alors par le centre de gravité du pendule; quant au contact, il doit s'exercer sur une partie ronde; à cet effet, la tige doit être arrondie en ce lieu, ou porter une pièce ronde qu'on nomme une passe, attendu que tout contact sur une partie plate donne lieu à un plus grand frottement.

Lorsque la passe est carrée comme dans la plupart des pendules d'appartements, le manque de parallélisme entre la fente de la fourchette de la passe et les lames de suspension détermine toujours une torsion qui nuit beaucoup à la liberté des mouvements du pendule; on doit essentiellement éviter ce défaut.

L'échappement, son axe et sa fourchette étant pour ainsi dire solidaires et presque constamment en contact avec le pendule, il s'ensuit que leurs frottements absorbent ou modifient la force transmise, et dès lors la marche de la pièce, car il en résulte une altération plus ou moins grande de la liberté du mouvement de ce pendule. Il faut donc donner à cette partie du mécanisme une très grande légèreté, réduire autant que possible le diamètre des pivots, les dimensions et le poids de la fourchette, afin d'atténuer les frottements le plus qu'on le peut.

Il ne faudrait pas que la fourchette attaquât le pendule plus haut qu'au tiers environ de sa longueur à partir du centre de suspension; autrement l'impulsion donnée par l'échappement, que cette fourchette doit transmettre au pendule, pourrait se perdre en partie dans le fléchissement des lames de la suspension.

Lorsque les becs de l'échappement sont placés directement sur le pendule, ainsi qu'on le fait pour quelques pièces d'horlogerie, on supprime du même coup l'axe de l'échappement, le frottement de ses pivots, la fourchette et le contact toujours plus ou moins nuisible de celle-ci avec la tige du pendule; c'est évidemment une simplification heureuse, et il serait à désirer qu'on l'adoptât pour un grand nombre de machines à mesurer le temps; leur marche en deviendrait assurément plus constante et plus régulière.

Les frottements de l'échappement proprement dit, surtout pendant le passage des arcs supplémentaires, nuisent beaucoup à la liberté des mouvements du pendule, il faut donc réduire ces frottements et en intensité et en durée autant qu'il est possible. Je ne prétends pas traiter ici la question des échappements; elle a fait l'objet d'un mémoire que j'ai publié en 1846 et que je reproduis à la suite de celui-ci; on pourra donc le consulter, mais je crois devoir insister sur l'intensité des frottements de l'échappement, et sur la perte de force qui en résulte, perte bien plus grande, ainsi que nous allons le constater, que celle due à l'action de l'air sur le pendule.

Pour le démontrer j'ai entrepris de nouvelles expériences dont je vais faire connaître les résultats.

Revenant aux dispositions précédemment décrites et qui sont représentées figure 1re, j'ai choisi un pendule battant la seconde et pesant 3,000 grammes (3 kilogrammes), dont la surface totale était de 1,600 centimètres carrés. Sa lentille était ronde et à faces planes comme celle dont j'ai parlé précédemment, sa tige était très légère, mais elle s'élargissait un peu vers le haut afin de recevoir un bec d'échappement, ce qui en augmentait la surface et le poids.

Enfin, j'ai adopté sur cette tige, vers sa partie supérieure, le bec d'un échappement à repos, dont l'étendue était suffisante pour permettre au pendule un mouvement angulaire de six degrés de chaque côté de la verticale, et sur ce repos, j'exerçais, dans certaines expériences, une pression plus ou moins grande, à l'aide d'un levier tangent à la courbe du repos, agissant absolument comme le ferait une dent de la roue d'échappement.

Ce levier était articulé et en parfait équilibre, ainsi que l'est une roue d'échappement avant l'action motrice, il portait d'ailleurs un petit plateau dans lequel je plaçais des poids exerçant telle pression que je voulais sur le repos, dans les même conditions qu'un ressort ou un poids moteur.

Voulant éviter les résistances mal définies encore des lames de la suspension, j'ai porté le pendule sur un couteau en très bon état, et c'est dans ces conditions que j'ai fait les expériences dont voici les résultats :

12e TABLEAU.

Le pendule, étant en parfaite liberté et dégagé de tout mécanisme, on trouve que l'amplitude des demi-oscillations est descendue de :	Le même pendule, dont le bras d'échappement supportait en son repos la pression d'un poids de 5 grammes mis dans le plateau du levier, pression qui agissait à 0m,10 du centre de mouvement du pendule, c'est-à-dire au 1/10 de la longueur de ce pendule. Dans ces conditions, l'amplitude des demi-oscillations est descendue de :
6 degrés à 5 degrés en........ 12' »	6 degrés à 5 degrés en....... 4' 30''
5 — 4 — .... 14 »	5 — 4 — 4 30
4 — 3 — .... 18 »	4 — 3 — 4 30
3 — 2 — .... 24 »	3 — 2 — 4 33
2 — 1 — .... 40 »	2 — 1 — 4 35
1 — 0 — .... 200 »	1 — 0 — 4 40

On remarquera d'abord que le pendule étant entièrement libre, les résultats obtenus et consignés dans la première colonne du tableau, sont concordants avec ceux que l'on trouve au 7° tableau; ils prendraient leur place entre la 3° et la 4° colonne dudit tableau, parce que le poids du pendule expérimenté ici étant de 3,000 grammes, est naturellement entre les pendules de 2,400 et 4,800 grammes.

Ainsi, cette nouvelle série d'expériences ne fait que confirmer celles précédemment faites.

Mais il n'en est pas ainsi des expériences dont les résultats occupent la 2° colonne du 12° tableau, expériences pendant lesquelles il a été exercé sur le repos du bec d'échappement joint à ce pendule, une pression de 5 grammes, pression qui est à bien peu près équivalente à celle d'un échappement ordinaire à repos ou à recul. On voit qu'alors, chaque degré de l'amplitude des demi-oscillations a été perdu à quelques secondes près dans le même temps, en 4 minutes 1/2, d'où il faut conclure que le frottement de cet échappement absorbe une quantité de force qui est toujours proportionnelle à l'amplitude des oscillations et dès lors à la force d'impulsion du pendule. Jamais, que je sache, ces résultats remarquables n'ont été indiqués ailleurs et accusés aussi nettement par l'expérience.

Ainsi, quelle que soit l'amplitude des oscillations d'un pendule, la force absorbée par le frottement de l'échappement durant chaque oscillation, reste rigoureusement proportionnelle à la force d'impulsion que possède le pendule; et alors, le pendule perd son 6° degré d'amplitude en 4 minutes 1/2, son 5° degré, aussi en 4 minutes 1/2, son 3° degré de même et ainsi de suite; ce qui prouve que le frottement de l'échappement reste constamment dans le même rapport avec la force d'impulsion du pendule.

J'ai recommencé cette expérience bien des fois, avec des pendules de poids différents et en exerçant des pressions différentes sur le repos de l'échappement, et j'ai toujours obtenu des résultats semblables, c'est-à-dire que chaque degré d'amplitude de l'oscillation se perdait dans le même temps, mais naturellement ce temps n'est pas le même quand le poids du pendule change, ou quand la pression exercée à l'échappement est différente.

Ces résultats singuliers s'expliquent cependant assez bien : le parcours de la dent de l'échappement, et par suite, son frottement sur le repos, diminuant à chaque oscillation, puisque l'amplitude diminue aussi à chaque oscillation, la force absorbée par le frottement reste alors proportionnelle à la longueur de l'arc parcouru, et la puissance mécanique ou plutôt la puissance réglante du pendule diminue avec la longueur de cet arc. Ainsi, l'obstacle (le frottement) qui s'oppose à la marche libre du pendule reste constamment dans le même rapport avec l'espace angulaire que parcourt ce pendule.

Il ne faut pas oublier de remarquer que la force absorbée par ces frotte-ments varie nécessairement en raison de la longueur du bras de l'échappe-ment, et aussi suivant la longueur et le poids du pendule, mais qu'elle est toujours de 4 à 5 fois plus grande que la force moyenne absorbée par les résistances de l'air. Dans les pièces de précision, ces pertes sont autant réduites que possible, mais dans les pièces ordinaires il n'en est pas toujours ainsi, et cependant, on voit qu'elles sont considérables et qu'on ne saurait trop y prendre garde.

Beaucoup d'horlogers, dans le but de compenser les influences de la température, font la tige du pendule avec 5, 7, ou 9 tringles d'acier et de cuivre, ce qui donne à ces tiges une grande largeur du haut en bas et alors une grande surface, cela nuit considérablement à sa liberté; d'autres placent une partie du poids du pendule au-dessus du centre de mouvement, ou de la suspension; d'autres enfin établissent à droite et à gauche de la suspension, mais plus bas que son centre de mouvement, deux bras formant entre eux un angle plus ou moins obtus et portant chacun une lentille ou masse quelconque. Toutes ces combinaisons ont un défaut capital, c'est de ralentir la marche du pendule, de la rendre indécise. En remontant le centre de gravité du pendule, on lui enlève une partie de sa puissance réglante, si bien qu'un pendule très pesant n'a presque plus de force d'impulsion, ce qui est le contraire de ce qu'on doit faire. Attendu qu'en général, plus on met un pendule près de son état d'équilibre, plus on amoindrit sa puissance réglante. Puis, ces pendules très composés offrent beaucoup de surface à l'air, ils en éprouvent alors une plus grande résistance, si bien que les vices engen-drés par ces combinaisons sont pis que ceux des pendules à tiges simples. Le mieux, c'est de s'approcher le plus possible de l'abstraction nommée pendule simple.

Je n'ai plus qu'un mot à dire sur les précautions qu'il convient de prendre pour bien assembler la tige et la lentille du pendule, afin de les rendre bien solidaires. Généralement, la tige se termine à sa partie infé-rieure par une partie taraudée qui porte un écrou, et cette tige entre à coulisse dans la lentille que l'on retient au dessous avec le susdit écrou. Cette disposition permet de régler la longueur du pendule ainsi qu'elle doit être, en remontant ou descendant la lentille, jusqu'à ce qu'on ait atteint le nombre d'oscillations voulu, d'après les rouages qui mènent les aiguilles indicatrices de l'heure.

Il faut avoir soin que cet ajustement soit exact, il ne faut pas de jeu dans la coulisse où est logée la tige, autrement, s'il y a trop d'ébat et si elle se trouve posée en équilibre sur l'écrou qui la supporte, la lentille balotte, et à chaque oscillation elle peut se jeter en sens inverse du mouvement du pendule; c'est une cause de perturbation facile à éviter et qu'on ne doit pas négliger.

On ne doit jamais non plus exposer le pendule d'une horloge à un courant d'air, car celui-ci agissant nécessairement sur la lentille, en trouble les fonctions. C'est pour la même raison que les pendules de salon doivent être renfermées afin de les soustraire aux agitations de l'air, et en même temps pour préserver les rouages de la poussière et de l'humidité.

Résumé.

Mon but, en écrivant ce mémoire, n'a pas été de faire un traité d'horlogerie, et dès lors d'en examiner toutes les parties; je n'ai voulu m'occuper bien sérieusement que des régulateurs des pièces d'horlogerie, et si j'ai étudié çà et là quelques autres organes, c'est à cause de leurs rapports avec ces régulateurs, c'est-à-dire avec le pendule et le balancier circulaire.

Nous avons vu d'abord que les résistances que l'air oppose à la marche des pendules était généralement proportionnelles aux surfaces de ces pendules, et proportionnelles aussi aux espaces parcourus par lesdits pendules.

Lorsqu'il s'agit de pendules de même longueur et de même poids, ces résistances, comparées entre elles, sont proportionnelles aux racines carrées des surfaces de ces pendules.

De ces principes nous avons conclu, et nos expériences l'ont prouvé, que les pendules devait avoir des formes offrant la moindre prise possible à l'air, et sous ce rapport, la sphère est la forme par excellence, attendu que c'est le corps qui contient le plus de matière sous la plus petite enveloppe ou surface.

J'ai démontré ensuite que les variations de la pression atmosphérique avaient une certaine influence sur la marche des pendules, la résistance que l'air oppose étant d'autant plus grande que le baromètre est plus élevé. Sans doute, ces influences ne sont pas très considérables parce que les variations de la pression atmosphérique, accusées par les hauteurs du baromètre, ne sont jamais bien grandes, mais enfin la résistance de l'air et la force qu'elle absorbe croissent avec la hauteur du baromètre.

J'ai voulu éclairer un point fort important, et fort discuté par les horlogers. Tous reconnaissent que plus le pendule est pesant, et mieux il règle la marche d'une horloge, mais beaucoup prétendant que la force motrice absorbée par le pendule, croît avec le poids de ce pendule, s'abstiennent d'employer des pendules lourds.

Les expériences que j'ai faites, dont les résultats sont indiqués au 7ᵉ tableau, montrent avec la plus grande évidence que la force absorbée par les oscillations d'un pendule est indépendante du poids de ce pendule ; en d'autres termes, les pendules les plus légers comme les plus lourds ne dépensent pas des forces différentes si leurs longueurs, leurs amplitudes et leurs surfaces sont égales. A l'avenir, on pourra donc employer sans crainte des pendules assez pesants. Toutefois, disons que la suspension offre une résistance qui croît avec le poids du pendule, et nous avons vu pourquoi.

Voulant avoir un moyen facile et pratique de mesurer l'impulsion d'un pendule quelconque, à raison de son poids et de la position qu'il occupe, j'ai établi, figure 3, une échelle proportionnelle des impulsions, que tout horloger peut tracer lui-même, et au moyen de laquelle il pourra toujours déterminer la valeur de la force d'impulsion d'un pendule sur lequel il voudrait expérimenter.

Sans doute les livres enseignent que cette forme d'impulsion est égale au produit du poids du pendule par le sinus de l'angle d'amplitude de la demi-oscillation, mais tout le monde ne sait pas se servir des tables de sinus, tandis que tout horloger pourra se faire une échelle des impulsions, et résoudre la question par une simple proportion.

Utilisant cette échelle et certains résultats d'expériences contenus dans les tableaux que j'ai donnés, j'ai montré comment on pouvait en déduire la force impulsive perdue à chaque oscillation d'un pendule, et j'ai prouvé alors que pour les pendules de même longueur, avec oscillations de même amplitude, la force motrice absorbée par chacune de ces oscillations était absolument la même, que le pendule pèse 1, 2, 4, 8 ou 10 kilogrammes,

Une autre question, encore fort controversée parmi les horlogers, est celle de la longueur des pendules : quels sont les meilleurs, des plus longs ou des plus courts ?

C'est toujours à l'expérience que j'ai demandé la réponse à toutes ces intéressantes questions, et dans le cas elle a répondu : que les pendules très-courts perdaient beaucoup de force par la résistance des lames de suspension, et que les pendules très longs en perdaient beaucoup aussi par la résistance de l'air en raison du grand parcours de la lentille de ces pendules. Enfin, il résulte de toutes les expériences que j'ai faites, que c'est entre 0ᵐ,25 et 1ᵐ,50 qu'on doit prendre la longueur d'un pendule ; au-dessus et au-dessous, on rencontre des difficultés et des résistances qui doivent y faire renoncer.

Une question très importante en horlogerie est la détermination à *priori* de la force motrice nécessaire à entretenir le mouvement d'une horloge quelconque. Cette force augmente naturellement avec l'amplitude des oscillations, et même plus rapidement que cette amplitude.

J'ai fait connaître comment on pouvait la calculer pour un pendule donné, c'est-à-dire pour un pendule dont la longueur, le poids et l'amplitude sont connus; et non-seulement j'ai indiqué comment on pouvait déterminer la force impulsive perdue par chaque oscillation de ce pendule, mais aussi quelle quantité de travail moteur était absorbée par chacune de ces oscillations; connaissant cette quantité pour une oscillation, il est facile de la calculer pour 1,000, 10,000, 100,000, 1,000,000 d'oscillations, c'est-à-dire qu'on sait quelle quantité de force exige la marche de telle ou telle horloge en 1 jour, 8 jours, 15 jours, etc.

Quoique m'occupant plus spécialement des horloges à pendule que des autres, j'ai entrepris quelques recherches sur les balanciers circulaires servant de régulateurs aux pièces d'horlogerie portatives telles que montres, chronomètres, etc.; on a vu que généralement les balanciers des montres ordinaires sont d'un poids trop faible pour avoir une puissance réglante suffisante.

J'ai indiqué quels moyens sont employés pour obtenir l'isochronisme des vibrations de ces balanciers, et à ce sujet on a pu lire les curieuses observations de l'ingénieur Phillips sur les analogies existant entre le pendule qui oscille en vertu de la pesanteur, et le balancier vibrant sous l'influence de l'élasticité.

Ces considérations m'ont amené à examiner quelques-uns des moyens qui ont été proposés pour obtenir l'isochronisme des oscillations des pendules, isochronisme qui ne s'obtient pas à beaucoup près aussi facilement que pour les vibrations du balancier circulaire; nous avons alors constaté que ce problème n'était pas encore résolu d'une manière satisfaisante, le champ reste donc ouvert aux chercheurs.

Voulant compléter mes recherches en ce qui concerne le pendule, j'ai dû m'occuper de certaines parties de l'horlogerie qui ont une action plus ou moins directe sur la marche du pendule, c'est ainsi que j'ai été amené à parler du pince-lames, de l'assemblage de la tige du balancier avec sa lentille, et surtout de l'échappement.

Je n'ai pas voulu étudier ici les échappements en général, mais constater seulement l'influence de leurs frottements sur la marche du pendule. Les expériences spéciales, que j'ai entreprises dans ce but, font connaître ce curieux résultat, que quelle que soit l'amplitude des oscillations d'un pendule, la force absorbée par l'échappement pour chacune de ces oscillations, reste proportionnelle à la force d'impulsion possédée par le pendule.

Quant aux systèmes de compensations proposés par divers horlogers, je ne m'en suis point occupé, je n'ai fait qu'en signaler la singularité, et recommander la simplicité dans les moyens, attendu que toutes les fois que l'on augmente le volume ou la surface du pendule, on diminue sa puissance d'impulsion, c'est-à-dire sa puissance réglante, et on augmente les résistances que l'air lui oppose, deux résultats également funestes.

Le travail que je livre à l'appréciation de tous ceux qui se sont occupés ou qui s'occupent encore d'horlogerie, est le résultat d'un grand nombre d'années de pratique et d'expérimentations; je crois qu'il renferme des parties nouvelles et intéressantes, qu'il donne des résultats utiles dont beaucoup d'horlogers pourraient tirer un bon parti.

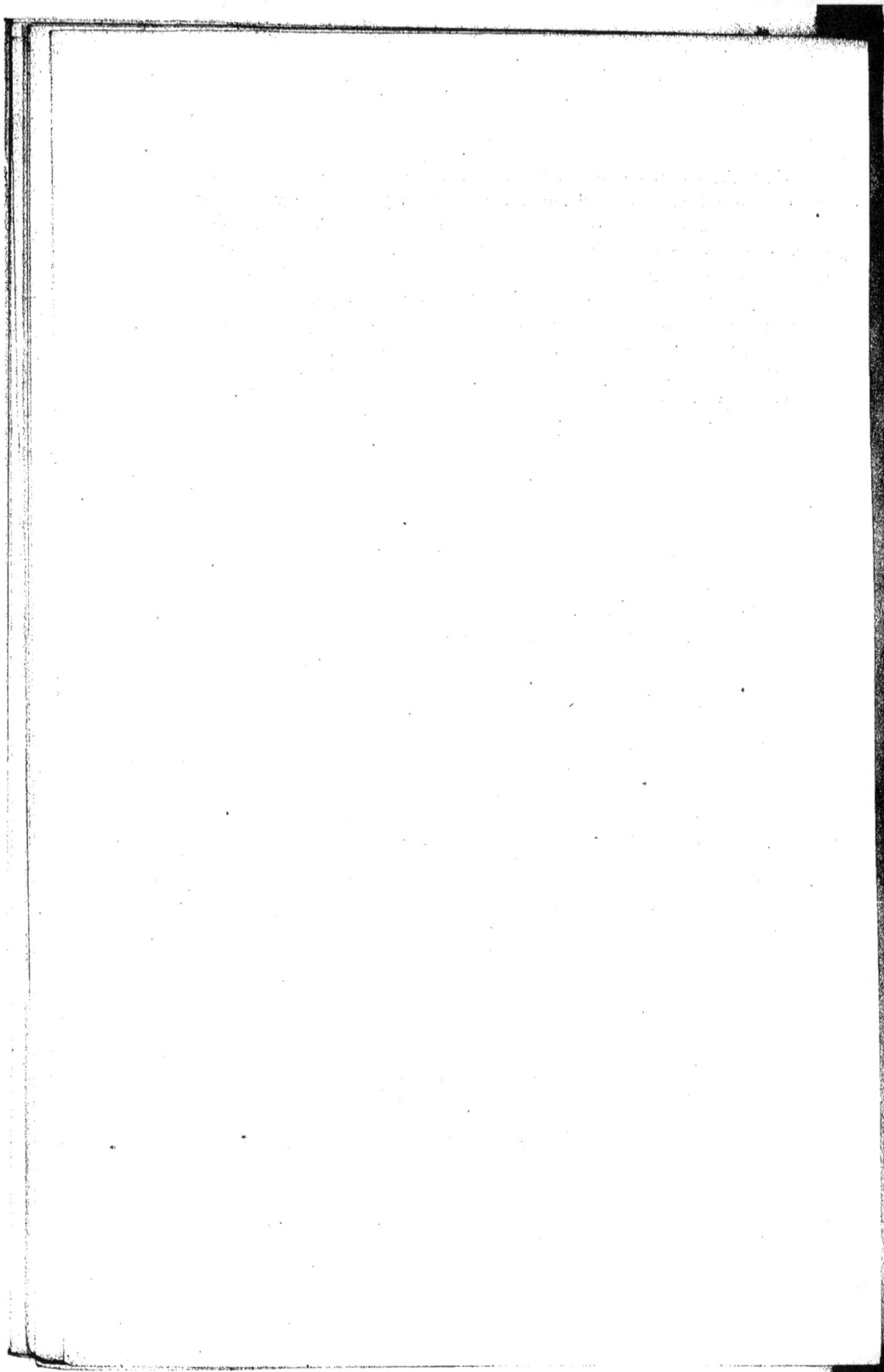

MÉMOIRE

LES ÉCHAPPEMENTS SIMPLES

USITÉS EN HORLOGERIE

RAPPORT

FAIT A LA SOCIÉTÉ D'ENCOURAGEMENT POUR L'INDUSTRIE NATIONALE

DANS SA SÉANCE GÉNÉRALE DU 20 JANVIER 1847

SUR LES TRAVAUX D'HORLOGERIE

DE M. J. WAGNER NEVEU

PAR M. THÉODORE OLIVIER.

M. *Wagner* neveu a obtenu, en 1844, lors de l'exposition des produits de l'industrie française, une médaille d'or pour ses travaux en horlogerie.

Cette haute récompense fut bien méritée. Aujourd'hui, la Société d'encouragement, appréciant les beaux travaux de M. *Wagner* dans l'art qu'il cultive avec succès, veut cependant récompenser plus particulièrement le mémoire sur l'horlogerie dû à cet habile praticien.

Qui peut mieux écrire, sur les *arts et métiers,* que les hommes intelligents qui, chaque jour, palpent la matière et la travaillent sous tant de formes diverses ?

Qui mieux qu'eux peut nous faire connaître une foule de phénomènes inaperçus du savant qui vit dans son cabinet, loin des ateliers, et ignorant le maniement des outils? Qui mieux qu'eux peut mettre les théoriciens sur la voie des vérités que recèlent ces phénomènes !

Un jour viendra où l'alliance de la pratique et de la théorie sera définitivement conclue, et cette alliance sera indissoluble. A partir de ce jour naîtra une ère vraiment nouvelle et pour la science et pour l'art ; à partir de ce jour, tous les arts se perfectionneront, et la science grandira.

La Société d'encouragement décerne à M. *Wagner* neveu sa grande médaille d'or, comme une récompense justement méritée par ses travaux très utiles à l'art de l'horlogerie.

Signé THÉOD. OLIVIER, *rapporteur*.

SOMMAIRE DU MÉMOIRE

SUR LES ÉCHAPPEMENTS SIMPLES

USITÉS EN HORLOGERIE

Le mémoire de M. *J. Wagner* se compose de six parties. La première renferme un exposé d'un principe général s'appliquant à tout échappement ordinaire qui transmet par un plan incliné l'action de la roue à l'échappement et par suite au balancier.

Démonstration prouvant que les échappements dits de *Graham*, à ancre, à cheville, à cylindre, etc., qui reçoivent l'action de la roue par l'intermédiaire d'un plan incliné, doivent et ne peuvent être construits que d'après un seul et même principe.

Démonstration prouvant que l'action de la roue sur le pendule reste théoriquement la même, quelle que soit la longueur de bras qu'on adopte, mais que les frottements augmentent en raison directe des longueurs, et que, pour réduire ces frottements à leur minimum, il est indispensable de construire tout échappement avec des bras aussi courts que possible.

Indication d'une méthode pratique pour construire les deux bras d'un échappement ou de plusieurs échappements semblables, de manière à ce qu'ils aient exactement la même levée et transmettent au pendule la même force d'impulsion produite par la roue.

Description d'un petit appareil à l'aide duquel on peut s'assurer pratiquement de la vérité du principe indiqué ci-dessus.

Démonstration prouvant que la longueur des bras d'un échappement quelconque ne peut avoir aucun rapport avec le diamètre de sa roue ou avec la longueur du pendule, ainsi qu'on l'a supposé jusqu'à présent, mais bien avec l'étendue de l'arc d'oscillation du pendule ou balancier et l'écartement des dents ou chevilles de la roue.

Description d'une méthode graphique très simple, à l'aide de laquelle

5

on peut, sans aucune connaissance théorique, déterminer, d'après un angle du plan incliné donné, la longueur des bras de toute espèce d'échappement, de manière à ce qu'ils possèdent toute la sûreté et toute la réduction de frottement possibles, quels que soient l'écartement des dents ou chevilles de la roue et l'angle d'oscillation adopté.

Seconde partie. Démonstration ayant pour but de faire comprendre combien il est urgent de placer tout axe d'échappement sur les tangentes passant par les extrémités des dents en contact avec les becs d'échappement, et prouvant que les frottements augmentent lorsqu'on ne les place pas dans ces conditions.

Description d'un petit appareil ayant pour objet de prouver pratiquement la vérité de ce principe.

Troisième partie. Principes géométriques et détaillés de l'échappement à cylindre.

Considérations nouvelles sur la quantité de levée à donner à cet échappement et sur les surfaces frottantes des fuyants ou parties inclinées des dents, afin qu'il fonctionne avec le moins de force motrice et de frottements possible.

Quatrième partie. Exposé d'un principe complétement nouveau pour tracer et exécuter les échappements à palettes combinés de manière à ce qu'ils éprouvent dans leur marche le moins de frottements possible.

La longueur et l'ouverture des palettes y sont déterminées en raison de l'angle d'oscillation du balancier et en raison de l'intervalle des dents de la roue, et non en raison du diamètre ou rayon de la roue, ainsi qu'on l'a indiqué jusqu'alors.

Cinquième partie. Considérations théoriques sur les échappements dits de *Dupleix* et *à virgule.*

Sixième partie. Des échappements dont l'axe est placé dans une position verticale, par rapport à l'axe de la roue.

PREMIÈRE PARTIE

Nouvelle théorie et principes géométriques de divers échappements simples adoptés en horlogerie.

La pièce la plus importante d'une horloge est sans contredit l'échappement. Lorsque cet organe n'est pas établi sur les vrais principes, il devient la cause principale des perturbations dans la marche des horloges : on ne saurait donc apporter trop de soins dans son exécution.

Dans toute pièce d'horlogerie, les fonctions qu'exerce l'échappement muni d'un pendule sont au nombre de trois, savoir :

1° De modérer la vitesse de rotation des rouages ;

2° De régulariser leurs mouvements ;

3° D'exercer sur le pendule une action uniforme et suffisante pour entretenir son mouvement d'oscillation, ou, en d'autres termes, de lui restituer un parcours égal à celui qu'il perd à chaque oscillation par l'influence des frottements.

Les nombreux ouvrages publiés sur ce sujet par des savants distingués m'ont fait penser qu'ils avaient épuisé la matière, et qu'après tant de travaux il n'était plus possible d'apporter des perfectionnements à l'échappement dont la théorie ne devait plus rien laisser à désirer.

Toutefois, en voyant la multitude d'échappements successivement proposés, en lisant avec attention les traités des maîtres de l'art sur cette question, je suis resté convaincu que jusqu'à présent l'exécution des divers échappements employés a plutôt reposé sur des données empiriques que sur des principes déduits des considérations d'une théorie rationnelle.

Les savants horlogers qui font autorité en cette matière se bornent à donner pour règles les conditions qui leur ont le mieux réussi, sans les appuyer d'aucun argument qui puisse faire considérer ces dispositions comme les meilleures.

En effet, en consultant *Thiout* aîné (*Traité d'horlogerie*, page 103, fig. 19) sur la longueur à donner aux bras de l'échappement de *Graham*, on lit : « La règle que j'ai trouvée et qui me paraît assez convenable pour « la forme, c'est d'éloigner le centre de la circonférence du diamètre du « rochet ; » phrase assez obscure qui paraît signifier que l'axe de l'échappement doit être distant du centre de la roue d'échappement d'une fois et demie le diamètre de cette roue.

Ailleurs, page 100, fig. 9, en traitant de l'échappement du chevalier *Béthune*, il ne prend pour cette même distance que les cinq sixièmes du diamètre de la roue d'échappement.

Lepaute (*Traité d'horlogerie*, page 179) assure « que les échappements à ancre, ayant des leviers fort courts, exigent une force motrice trop grande. » Plus loin, page 206, en parlant de l'échappement à chevilles des deux côtés inventé par lui, il dit : « La longueur des bras de l'échappement est arbitraire : si on les fait longs, on gagne de la force pour l'impulsion ; mais, en les faisant courts, on rapproche du centre les arcs de repos, et par conséquent on diminue le frottement : je leur donne ordinairement la longueur d'un demi-diamètre de la roue. »

Cette opinion a été la cause principale de l'état stationnaire où est restée depuis, cette partie si intéressante de l'horlogerie.

Le père *Alexandre*, *Berthoud*, *Jean Jodin*, *Janvier*, etc. n'ont rien dit de particulier sur la théorie des échappements, ni sur les règles empiriques données par les savants mentionnés plus haut.

Ces citations suffisent pour justifier mon assertion, et l'on verra plus loin que, si la phrase de *Lepaute* que je viens de rapporter, présente quelque apparence de théorie, cette théorie est fausse quant à la première partie du principe qu'il prétend poser.

Frappé de cette absence de toute théorie et des contradictions dans lesquelles sont tombés ces grands maîtres en horlogerie, j'ai cru qu'il serait utile de rechercher la véritable théorie sur laquelle doit être fondée l'exécution d'un bon échappement. Voici les résultats de mes premières recherches à ce sujet.

Avant d'aborder la démonstration de cette nouvelle théorie, je crois utile de décrire les conditions principales auxquelles se sont constamment astreints les nombreux inventeurs des échappements si variés de forme qu'on a exécutés jusqu'à présent.

Quoique ces conditions soient les mêmes dans tous les échappements proposés, chaque inventeur attribuait au sien des propriétés différentes et supérieures aux autres; aussi a-t-on vu donner la préférence à tel ou tel échappement selon qu'il était créé ou prôné par des hommes dont les noms faisaient autorité en cette matière.

Chaque échappement a donc eu sa vogue, malgré les résultats très variés obtenus d'une même forme, selon l'habileté plus ou moins grande de l'inventeur, ou selon que le hasard le rapprochait plus ou moins d'une théorie mal connue jusqu'alors, laquelle, à mon avis, doit servir de base à la construction de toute espèce d'échappement.

Examinons d'abord la forme et le principe géométrique des principaux échappements simples et généralement adoptés, ainsi que leur mode de transmission du mouvement du moteur au pendule. J'entends par ce mot *simples* ceux qui n'ont qu'un axe et qui communiquent leur mouvement directement au pendule. Les échappements composés de plusieurs axes ou de plusieurs roues me semblent moins avantageux, et ne sont pas ceux dont je m'occupe ici.

Je commencerai par celui de *Graham*, dont le dessin géométrique, fig. 1, est construit dans les proportions données par *Thiout*.

La roue d'échappement F reçoit son mouvement du moteur par l'entremise des autres rouages de la pendule ou de l'horloge.

Les dents de cette roue vont en s'amincissant à leur extrémité, et sont inclinées de manière que le bout seul de chaque dent soit en contact avec les becs de l'échappement.

L'échappement *a* A *a* est suspendu au point A, centre de son mouvement de rotation alternatif; les becs dont l'épaisseur doit être égale à la moitié de l'intervalle d'une dent à l'autre, sont formés : 1° d'une partie circulaire *c c'* décrite du centre A pour les échappements dits à repos; 2° d'une autre partie *e i* ou *e' i'* qui forme les plans inclinés contre lesquels l'extrémité des dents de la roue F vient s'appuyer pour forcer l'échappement à osciller de droite à gauche et de gauche à droite. La levée (on donne ce nom à l'espace angulaire parcouru par l'échappement pendant la durée du contact d'une dent sur le plan incliné), la levée, dis-je, est déterminée par le plus ou moins d'obliquité du plan incliné du bec. On fixe l'étendue de cette levée par les moyens suivants :

Supposons qu'on veuille donner deux degrés de levée à l'échappement; pour cela, on mène une droite de A en G tangente à la circonférence de la roue F, puis de A en G' une autre ligne également tangente à cette roue; bien entendu que les deux points de tangence sur la circonférence de la roue devront être déterminés selon le nombre de dents qu'on voudra embrasser entre les deux becs de l'échappement. On mène ensuite de A en H une troisième ligne faisant, avec la ligne A G, un angle de deux degrés, puis une quatrième A H' faisant le même angle avec la ligne A G'.

Si maintenant, du point de tangence de la ligne A G avec la circonférence de la roue F, on mène une ligne *e i* passant par le point où la ligne A H rencontre le bord inférieur du bec, cette ligne *e i* formera le plan incliné (ou fuyant) qui correspondra à deux degrés de levée.

Le plan incliné de l'autre bec *i' e'* s'obtient de la même manière, en menant une ligne du point tangent *i'* au point *e'*, où la courbe extérieure du bec rencontre la ligne A H'.

Si donc nous supposons que l'échappement, construit d'après les données qui précèdent, est dans la position représentée par la fig. 1, il est évident que, pendant le mouvement de la roue F, la pointe de la dent

placée au sommet du fuyant *e i* forcera l'échappement à se déplacer de
droite à gauche de la quantité dont ce fuyant pénètre en dedans de la
circonférence de la roue, et que l'autre fuyant pénétrera de la même
quantité entre deux dents de l'autre côté de la roue; de sorte que, lorsque
le fuyant *e i* laissera *échapper* la dent qui le pousse, une autre dent se trouvera en contact avec le sommet *e'* du fuyant *e' i'*; mais le mouvement
acquis par le pendule en vertu de l'impulsion que lui aura donné la roue
d'échappement continuera d'entraîner quelque temps celui-ci dans la même
direction, de sorte que la pointe de la dent, au lieu d'agir immédiatement
sur le fuyant *e' i'*, restera en contact avec la courbe *e' c'* pendant la continuation du mouvement de droite à gauche du pendule et de l'échappement, et pendant leur retour de gauche à droite, jusqu'à ce que le sommet *e'* du fuyant *e' i'* soit revenu à la pointe de la dent (cette quantité
s'appelle *arc additionnel* ou *arc supplémentaire*); cette dent, agissant ensuite
sur ce fuyant, donnera à l'échappement une impulsion qui, s'ajoutant au
mouvement acquis de gauche à droite, rétablira le mouvement perdu par
les frottements depuis l'impulsion précédente.

Réciproquement, lorsque le fuyant *e' i'* laissera échapper la dent qui le
pousse de gauche à droite, la pointe d'une autre dent se trouvera en contact avec le sommet *e* du fuyant *e i*; mais, comme l'échappement entraîné
par le pendule continuera à se mouvoir de gauche à droite, la pointe de
cette dent restera en contact avec la courbe *e c* pendant l'achèvement de
ce mouvement et le retour de l'échappement en sens contraire, jusqu'à ce
que la pointe de la dent, se retrouvant sur le sommet *e* du fuyant *e i*,
renouvelle par son action sur ce fuyant le mouvement perdu par les frottements. Les courbes *c e* et *c' e'* étant décrites du centre d'oscillation A de
l'échappement, il en résulte que, pendant la durée du contact de chaque
dent avec ces courbes, la roue F n'a aucun mouvement; c'est cette circonstance qui a fait donner à cette disposition le nom d'*échappement à
repos.*

On voit, d'après ce qui précède, que les parties essentielles de cet
échappement sont 1° la hauteur des becs, qui est déterminée par l'écartement des dents de la roue; 2° le plan incliné (ou levée), déterminé par
l'angle d'oscillation qu'on veut produire pendant la durée de l'impulsion;
3° l'arc de repos, qui maintient immobile la roue pendant la durée des
arcs additionnels qui suivent ou précèdent ceux d'impulsion.

Hors de ces trois points fondamentaux, toutes les autres formes sont
arbitraires et peuvent varier à l'infini; aussi quelques horlogers donnent
à l'échappement de *Graham* les formes représentées fig. 2, ou d'autres
dont les becs sont construits dans les mêmes conditions que ceux de la
fig. 1. Quelquefois, au lieu de placer les plans inclinés sur les becs de
l'échappement, on les fait porter aux dents de la roue comme le repré-

sente la fig. 3, où la construction géométrique de cette disposition est absolument la même, et repose, par conséquent, sur les mêmes principes que dans les figures précédentes ; mais cette disposition est très peu employée, parce que l'extrémité des becs serait rapidement détruite par leur contact répété avec les dents de la roue.

Ordinairement on fait porter les plans inclinés à la fois, moitié aux dents et moitié aux becs, comme le représente là fig. 4 : cette disposition a cela d'avantageux qu'elle donne plus de force aux bouts des dents, et que l'huile s'y maintient plus sûrement que lorsqu'elles sont aiguës.

La quantité de fuyant donnée aux becs ou aux dents de la roue peut varier notablement sans changer en rien la nature et le principe de cet échappement, comme l'ont prétendu et le prétendent encore quelques horlogers.

L'*échappement à ancre*, généralement employé dans les pendules et dans quelques montres, peut, comme celui de *Graham*, s'exécuter de deux manières : *à repos*, c'est-à-dire que la roue reste immobile pendant toute la durée des arcs additionnels ; ou *à recul*, c'est-à-dire que la roue rétrograde, pendant la durée de l'arc additionnel qui suit l'arc d'impulsion, d'une quantité dont je ne m'occuperai pas ici. Je me bornerai à poser, quant à présent, le principe géométrique de cet échappement dans les deux cas, et je commencerai par l'échappement à repos.

On voit, fig. 5, que le même principe déjà décrit préside encore à sa construction ; l'obliquité du plan incliné, ou levée, se détermine, comme dans les précédents, en raison de l'angle d'oscillation qu'on veut obtenir pendant la durée de l'action de la dent sur le plan incliné, la hauteur des becs par l'écartement des dents, et les courbes de repos décrites également du centre d'oscillation de l'échappement.

Il n'y a de différence avec l'échappement de *Graham* que dans la distance entre le centre d'oscillation de l'échappement et celui de rotation de la roue ; ces deux points sont seulement plus rapprochés l'un de l'autre : quant aux changements de forme, l'inspection seule des figures suffit pour se convaincre qu'ils sont tout à fait indifférents au résultat, et qu'on peut les varier à l'infini.

Lorsqu'on exécute l'échappement *à recul*, il prend les formes représentées fig. 6 ; la quantité de degrés de levée est déterminée de la même manière que dans les échappements à repos ; mais la partie sur laquelle la dent frotte pendant les arcs additionnels forme un angle *m n u* plus ou moins ouvert selon la quantité de recul qu'on veut donner à la roue pendant le parcours de l'arc supplémentaire.

Ces échappements sont les plus usités dans les pendules ; quelques horlogers les font à demi-repos, c'est-à-dire qu'un des becs est à repos, et l'autre à recul. Dans ce dernier cas, les résultats seront équivalents à ceux qu'on obtiendra en plaçant un recul de moitié sur chacun des deux becs.

La fig. 7 représente l'échappement à cylindre, qui ne peut guère être employé que dans la petite horlogerie, et avec un balancier ayant un grand parcours angulaire; cet échappement repose également sur les mêmes principes que ceux développés plus haut, avec cette différence qu'il ne prend qu'une dent entre les deux becs (ou lèvres) de l'échappement, disposition qui permet le plus grand rapprochement possible des deux axes de l'échappement et de la roue; les dents de celle-ci portent en partie les plans inclinés, comme dans les fig. 3 et 4. Cet échappement est basé sur le même principe et se dispose de la même manière, il faut, comme dans les précédents, placer le centre du cylindre sur une tangente au cercle de la roue passant par les pointes des dents qui frottent sur les parties des repos; les plans inclinés des dents sont déterminés en raison de la levée, et les parties des repos décrites de son centre d'oscillation.

Cet échappement, qui, avec quelque raison, a été généralement adopté par la plupart des horlogers, n'est pas toujours construit de la manière la plus convenable : son principe est souvent méconnu ou mal exécuté; ce qui fait que les résultats obtenus ne sont pas toujours satisfaisants.

Je reviendrai plus loin sur cet échappement, et je donnerai de plus amples détails sur son principe géométrique, ainsi que sur la vraie manière dont il doit être construit et placé par rapport à sa roue.

Pour mieux faire ressortir le principe général de ces divers échappements et pour mieux lier ce dernier avec les précédents, j'en ai construit un, représenté fig. 8, auquel je fais prendre deux dents entre les becs (ou lèvres) du cylindre, et j'ai, comme dans la fig. 4, placé la moitié du fuyant sur les becs de l'échappement, et l'autre moitié sur les dents de la roue. A l'inspection de cette figure, on voit que l'angle de levée se détermine de la même manière que dans les cas précédents; les dents portent un petit sabot, comme dans la fig. 7, mais dont l'angle est plus obtus.

Le cylindre pourrait embrasser un plus grand nombre de dents, comme dans l'échappement à ancre ou dans celui de **Graham**, et dans ce cas il revêtirait les mêmes formes.

En prolongeant la partie de repos de l'un ou de l'autre des deux échappements, fig. 2 et 5, on en ferait un cylindre d'un diamètre plus ou moins grand, selon la quantité de dents qu'il embrasserait; le plus grand qu'on pourrait établir serait celui qui prendrait la moitié des dents de la roue, et le plus petit celui qui n'en prendrait qu'une. Nous verrons plus loin lequel des deux est préférable.

L'échappement à chevilles représenté fig. 9 est encore dans les mêmes conditions; l'angle de levée, la hauteur des becs et les arcs de repos sont déterminés de la même manière. Comme les chevilles demi-cylindriques portent une partie du plan incliné, il faut, dans la détermination de l'angle de levée, tenir compte, pour chaque bec, du demi-diamètre des chevilles.

La seule différence entre cet échappement et les précédents, c'est que les becs se trouvent placés du même côté de la roue; cette heureuse disposition présente sur les autres l'avantage de ne pas agiter dans leurs trous les pivots de l'axe de l'échappement, et de ne pas faire accrocher les chevilles quand l'usure a changé les distances primitives des deux axes de la roue et de l'échappement. A mon avis, c'est celui qui a le plus de durée et qui marchera même après une usure déjà prononcée; c'est sous ce rapport qu'il convient le mieux pour les grosses horloges et pour toutes les pièces qui ont de lourds pendules à faire mouvoir.

Quelques horlogers construisent cet échappement en faisant engrener les becs des deux côtés de la roue, comme dans celui de Graham; par ce fait, ils détruisent cette propriété particulière indiquée plus haut, et le placent dans les mêmes conditions que ce dernier.

Je démontrerai tout à l'heure que la différence de longueur des deux branches ne détruit nullement l'égalité des deux impulsions, comme le prétend *Lepaute,* dans son *Traité d'horlogerie,* page 206.

Suivant lui, le bras le plus court communiquerait au pendule une impulsion moins forte que le plus long : ce qui au point de vue général est une erreur, et même en nous plaçant à son point de vue particulier, son opinion ne serait pas plus exacte; car ce bras (qui doit toujours être placé en dedans de la roue) reçoit son impulsion par l'intérieur de la cheville qui, naturellement, se trouve plus rapproché du centre de la roue que la partie extérieure, et qui, par ce fait, imprime une action plus forte au fuyant de ce côté.

En supposant les deux fuyants construits sur le même angle, on peut, par le diamètre même des chevilles de la roue établir l'égalité parfaite des deux impulsions.

Il suffit d'établir entre les deux rayons de la roue qui se terminent à l'intérieur et à l'extérieur des chevilles le même rapport de longueur que celui qui existe entre les deux bras de l'échappement.

Exemple. — Supposons la longueur du bras extérieur de l'échappement égal à 100 millimètres, le bras intérieur égal à 96, et le rayon de la roue, à l'extérieur des chevilles, égal à 50. Il s'agit de trouver le quatrième terme de cette proportion : 100 : 96, rapport des deux bras de l'échappement, :: 50, rayon extérieur de la roue, : $x = 48$. Le rayon à l'intérieur des chevilles devra donc être 48, quand celui extérieur sera de 50; ainsi, dans ce cas il suffit, pour obtenir la même impulsion sur les deux fuyants, de donner aux chevilles 2 millimètres de diamètre ; du reste, cette égalité parfaite des deux impulsions est de peu d'importance et n'ajoute pas d'amélioration sensible dans la marche de la pièce, quand la somme des deux impulsions qui se suivent est constante. Nous verrons plus loin que cette précaution peut même être négligée sans inconvénient.

Dans la pratique, surtout dans les petites pièces, il est très difficile, par la méthode indiquée, d'exécuter les deux fuyants d'un même ou de plusieurs échappements, de manière à être certain qu'ils ont le même arc de levée et la même force d'impulsion. Avant d'aller plus loin, je vais indiquer les moyens d'obtenir cette égalité par une méthode facile et sûre.

Pour cela, je prolonge la ligne i e d'un des becs, qui forme le fuyant de l'échappement, fig. 1, 2, 3, 4, 5, 6 ; au delà de l, je décris du point A, centre de l'échappement, un arc de cercle k l, tangent à la ligne i e l; puis, du point i' de l'autre bec, où la ligne A G' est tangente à la roue F, je mène une deuxième ligne tangente au même arc de cercle k l, décrit du centre A : le prolongement de cette tangente k i' vers e' détermine la direction du fuyant de l'autre bec et lui donne exactement la même levée et la même force d'impulsion.

En effet, les deux angles G A H et G' A H' sont égaux ; la hauteur des deux becs décrits du même rayon et du même centre est aussi égale : il est évident que, si l'on fait tourner sur le centre commun A les deux lignes G', H', jusqu'à ce qu'elles couvrent exactement les lignes G, H, le point i' viendra sur le point e, et le point e' sur le point i ; par conséquent, les deux fuyants se toucheront exactement dans toute leur longueur et se dirigeront tous deux vers la circonférence k l, et à la même distance du centre A. Dans les échappements qui ont un bras plus long que l'autre, comme celui à chevilles, le prolongement du fuyant du plus long bras devra passer à une plus grande distance du centre A de la différence de longueur des deux bras ; les deux cercles, dans ce cas, sont indiqués fig. 9. On voit donc qu'il est toujours facile dans l'exécution, à l'aide d'un cercle ou disque disposé à cet effet, de s'assurer si les deux fuyants se dirigent à la même distance du centre de l'échappement.

Je pourrais encore décrire un grand nombre d'échappements, mais tous peuvent rentrer dans les conditions de ceux que nous avons vus plus haut, à l'exception de quelques échappements libres, dont je ne m'occuperai pas ici, et qui ont été imaginés dans le but de soustraire le pendule au frottement pendant la durée des arcs supplémentaires.

Lorsqu'on lit dans les auteurs la description des divers échappements que je viens d'énumérer, on y trouve pour chacun d'eux un principe ou une propriété particulière que leur attribue l'inventeur ; mais aucun, que je sache (1), n'a songé à parler de la longueur la plus convenable à donner aux bras d'un échappement; cependant, à mon avis, de cette question dépend le mérite d'un bon échappement.

Dans l'examen auquel je vais me livrer, je prendrai pour base de ma discussion l'échappement à chevilles, qui se prête mieux à la démonstration.

Lorsqu'on connaît le diamètre de la roue d'échappement et le nombre des chevilles ou des dents, on a, *comme conséquence forcée*, la hauteur des deux becs de l'échappement, hauteur qui doit être, pour chaque bec, égale à la moitié de l'intervalle laissé entre deux chevilles, moins la moitié de l'épaisseur d'une cheville; en d'autres termes, la hauteur réunie des deux becs doit être égale à l'intervalle laissé entre deux chevilles, moins l'espace réservé entre eux pour donner passage à ces mêmes chevilles.

Maintenant, l'inclinaison du plan d'impulsion de chaque bec dépendra de trois conditions:

1° De l'ouverture de l'angle de levée;
2° De la longueur des branches de l'échappement;
3° De la hauteur des becs.

Supposons donnée la première de ces conditions, et remarquons que l'angle d'impulsion (ou levée) pourra rester de même, quelle que soit la longueur des branches de l'échappement; seulement l'inclinaison du plan d'impulsion des becs, pour une même hauteur, variera en raison de cette longueur, et sera d'autant plus rapide que les branches de l'échappement seront plus courtes, et *vice versa*.

Il est, en outre, évident, que l'action des chevilles sur chaque bec sera d'autant plus énergique que le plan incliné sera plus rapide, et que, à mesure que cette action se rapprochera du centre de suspension ou de l'axe de l'échappement, elle regagnera en intensité, sur des plans inclinés plus rapides, ce qu'elle perdra par le raccourcissement du bras de levier de

---

(1) Une note de la partie de ce mémoire concernant la longueur des bras d'échappement a été écrite et déposée par moi à l'Académie des sciences au commencement de 1839, et communiquée à beaucoup de personnes, entre autres à M. le baron *Seguier*, qui, à l'époque de l'exposition, m'apprit qu'un artiste anglais, nommé *Cumming*, s'était déjà occupé de cette question, et que le mémoire de cet auteur, écrit en anglais, était déposé à la bibliothèque royale, où j'ai pu me convaincre de l'exactitude de l'assertion de M. *Seguier*. Je déclare que, avant cette époque, je n'avais aucune connaissance du travail de *Cumming*, qui, cependant, est daté de 1766, et je suis étonné que les divers ouvrages publiés sur l'horlogerie, depuis cette époque, n'aient pas fait mention des matières contenues dans ce traité. Je suis autorisé à croire qu'il n'a été compris ni en Angleterre ni en France, car ses idées ne se sont nullement propagées parmi les horlogers des deux pays.

·l'échappement, et réciproquement. En envisageant la question au point de vue général, comme puissance mécanique, on aura toujours le même résultat, qui est l'action de la roue multipliée par le parcours angulaire du pendule.

L'inspection de la fig. 10, suffira pour démontrer cette assertion : on y remarquera en effet, que, pour un même angle d'oscillation, le plan incliné (ou fuyant) de l'échappement $d\ e$, n° 1, est du double plus rapide que le plan incliné $g\ f$, n° 2, placé à une distance double du centre de suspension a; car les hauteurs $d\ b$ et $g\ c$ restant les mêmes, la base $c\ f$, n° 2, sera le double en longueur de celle $b\ e$, n° 1.

Il en résulte que, si, en raison de la plus grande rapidité du plan incliné $d\ e$, le bec n° 1 est repoussé avec une force double de celle qui repousse le bec n° 2; celui-ci, en raison du bras de levier a R', double du bras de levier a R, sera repoussé avec une force double de celle qui repousse le bec n° 1, de sorte que la force perdue par un plan incliné moins rapide est regagné par un plus grand bras de levier; réciproquement, la force gagnée par un plan incliné plus rapide est perdu par un bras de levier plus court. La longueur des bras d'un échappement serait donc absolument indifférente, puisque la force d'impulsion reste constante, si le problème ne se compliquait d'une question de frottement, qui, en horlogerie, domine toutes les autres.

On peut remarquer en effet, en examinant la fig. 10, que la grandeur des parties sur lesquelles frottent les chevilles pendant les courbes de repos (ou arcs complémentaires) est en raison directe des longueurs des bras de levier et dans une proportion un peu moindre pour les fuyants; d'où il résulte que le frottement sera d'autant plus grand que l'on donnera plus de longueur aux bras de l'échappement.

Il est des horlogers qui prétendent que les frottements ne sont pas nuisibles dans la marche des pièces, n'importe sous quelle pression ils s'exercent, lorsqu'ils sont constants; d'autres prétendent qu'un certain frottement exercé sur la surface des échappements corrige les variations produites par les changements de la force motrice. On ne saurait admettre de telles assertions, attendu que les variations provenant de la force motrice ont, en général, des périodes à peu près régulières, soit ressorts ou poids, tandis que les frottements varient dans des conditions très différentes, soit avec la nature des surfaces frottantes, que l'usure et l'état de l'atmosphère modifient à chaque instant, soit avec la nature des huiles employées et dont la fluidité change avec la température.

Si ces opinions avaient quelque valeur, on s'expliquerait difficilement la régularité si extraordinaire qu'on obtient dans les montres marines ou chronomètres, dans ces pièces de haute précision où les frottements sur l'échappement sont réduits autant que possible, et même complétement annihilés, pendant les arcs supplémentaires, puisque le balacier, pendant le parcours de ces arcs, est complétement dégagé du contact de la roue. Cette expérience bien acquise démontre donc que les prétentions émises à ce sujet ne sont nullement fondées. Du reste, les personnes qui observent sont bien convaincues que le frottement est une des grandes causes de variation et même d'arrêt dans toute pièce d'horlogerie, surtout celui qui s'exerce sur l'échappement, et que les variations provenant des frottements sont d'autant plus grandes que ces frottements sont plus considérables.

La conséquence naturelle et logique à déduire de ces considérations est qu'on diminuera d'autant plus le frottement qu'on donnera moins d'étendue, soit aux courbes de repos, soit aux plans inclinés, et que, par conséquent, il faudra diminuer le plus possible la longueur des bras des échappements, puisque la grandeur des parties frottantes augmente avec cette longueur.

Maintenant, au moyen de la même figure 10, je vais donner la démonstration géométrique du théorème dont je viens de discuter les éléments.

Je ferai d'abord remarquer que le plan incliné (ou fuyant) de l'un ou de l'autre bec forme l'hypoténuse du petit triange $d\,b\,e$ ou $g\,c\,f$, dont la hauteur est égale à la hauteur du bec, et la base $b\,e$ ou $c\,f$ égale à l'intervalle compris entre les deux droites $a\,f$ et $a\,c$, qui forment entre elles l'angle de levée. Je ferai également remarquer que les bases de ces mêmes triangles augmentent de longueur en raison de leur distance au centre d'oscillation a; par cette raison, les longueurs des bases de ces deux triangles sont entre elles comme leur distance du centre a de l'échappement, ce qui donne la proportion géométrique suivante : $a\,b : a\,c :: b\,e : c\,f$. Si nous supposons $a\,b$ égal à la moitié de $a\,c$, $b\,e$ sera aussi égal à la moitié de $c\,f$.

Voyons maintenant, à l'aide de la théorie des plans inclinés, quelle quantité d'action la même puissance de la roue exercera sur l'un ou l'autre bec de cet échappement; nous trouverons que la puissance qui agit sur le plan incliné est à la quantité dont ce bec est repoussé, comme la base du triangle est à sa hauteur. Par exemple, représentons par P la puissance de la roue qui agit sur le plan incliné, et par R la quantité de force avec laquelle le bec est repoussé par cette même puissance P; on aura la proportion suivante : $P : R :: b\,e$, base du triangle du bec n° 1, : $b\,d$, hauteur de ce même triangle. Si nous supposons, dans ce triangle, la base $b\,e$ égale à la hauteur $b\,d$, on aura P égale à R, c'est-à-dire que le bec sera repoussé avec une force égale à la puissance P de la roue d'échappement.

De même, sur le bec n° 2, représentons la puissance de la roue par P', que nous supposons toujours égal à P, n° 1, et par R' la quantité d'action dont le bec est repoussé par cette même puissance; la proportion sera donc comme suit : P' : R' :: $f c$: $g c$. Or nous avons vu que $g c = b d = b e$; nous avons également vu que $b e$ etait moitié de $f c$; donc R' n'est que moitié de P'; mais, comme cette dernière puissance P' agit sur un bras de levier double de la longueur du premier, il s'ensuit qu'elle agit comme si la puissance P' était double de P, et, par conséquent, le résultat est exactement le même : R égale donc R'.

En effet, si l'on ne considère ici que le résultat mécanique, la dent de la roue d'échappement, agissant sur le plan incliné n° 2, fera parcourir au bec un chemin double, avec la même force et dans le même temps que si elle agissait sur le bec n° 1 ; et ici se vérifie encore une fois cet axiôme de la mécanique : ce qu'on perd en force, on le gagne en vitesse, ou en parcours, et réciproquement.

On voit donc que, quelle que soit la longueur donnée aux branches d'un échappement, le résultat théorique est le même.

Examinons maintenant ces mêmes conditions par rapport aux frottements, et occupons-nous d'abord des arcs additionnels $d h$ et $g k$. Nous voyons que les longueurs de ces arcs sont entre elles comme leur distance au centre de rotation a; ils forment la proportion géométrique suivante : $a d : a g :: d h : g k$; mais remarquons que, si $a d$ est moitié de $a g$, $d h$ sera moitié de $g k$; par conséquent, la surface frottante de la courbe $g k$ est le double de la surface frottante de la courbe $d h$. On peut donc en conclure que le frottement sur les courbes de repos augmente précisément en raison directe de la longueur des bras de l'échappement. En d'autre termes le frottement est toujours égal à l'action, ou à la pression, multiplié par son parcours.

En examinant la question par rapport aux fuyants, nous trouverons que les frottements augmentent, par rapport à la longueur des bras, dans une progression un peu moindre que sur les arcs de repos. Il est facile de s'assurer de cette vérité, puisque le fuyant d'un échappement quelconque forme l'hypoténuse d'un triangle droit $d b e$, n° 1, qui a pour base $b e$ et pour hauteur $b d$, et l'on sait que le carré élevé sur l'hypoténuse de ce triangle égale la somme des carrés élevés sur la base et sur la hauteur.

Exemple. — Supposons qu'un bras 5 donne pour base 4 et pour hauteur 4 ; élevant chaque côté au carré, on aura 16, qui, réunis, formeront 32 ; extrayant la racine carrée de ce chiffre, on aura 5,65, qui est la longueur de l'hypoténuse (ou du fuyant). Faisant la même opération sur une longueur de bras 10, on aura encore pour hauteur 4 et pour base 8 ; cette base étant à une distance double du centre de rotation, le carré de la hauteur 4 sera 16, et le carré de la base 8, 64 ; ces deux carrés, réunis, formeront 80, dont la racine carrée est de 9 (du moins très rapprochée), et ainsi de suite : la progression marchera comme les chiffres suivants :

Longueurs supposées des bras de l'échappement.	Longueurs correspondantes des fuyants ou des frottements.
5 »	5,65
10 »	9 »
15 »	12,56
20 »	16,50

Ces calculs démontrent que plus on donne de longueur aux bras d'un échappement, plus il y a de frottement, et par conséquent plus il y a d'irrégularité dans la marche de l'horloge à laquelle s'applique cet échappement.

Il résulte de ce qui précède que, pour construire un échappement avec le moins de frottement, et par conséquent produisant le moins de varia- tion, il faut donner à ses branches le moins de longueur possible, sans toutefois porter cette réduction à l'extrême, parce que d'autres défauts viendraient détruire les avantages qu'on en retirerait.

Ainsi, par exemple, on a vu que plus les branches seraient courtes, plus les plans inclinés seraient rapides.

On comprendra, dès lors, qu'une même usure des plans inclinés dimi- nuerait davantage la grandeur des oscillations pour des plans inclinés plus rapides que pour ceux qui le seraient moins, et que, en outre, l'agran- dissement des trous des pivots de l'échappement diminuerait d'autant plus la grandeur de la levée que les bras seraient plus courts. Une pra- tique raisonnée doit donc fixer la limite des grandeurs convenables à donner à ces branches.

Je ferai remarquer qu'on rencontre, dans beaucoup d'horloges et de pendules, des échappements à ancre dont les branches sont plus ou moins réduites sans qu'elles aient présenté l'inconvénient d'une destruc- tion rapide ou une difficulté d'exécution. Je suis donc fondé à croire que les échappements de *Graham*, à chevilles et autres, peuvent, sans inconvénient, être réduits aux dimensions des plus petits échappements à ancre employés.

J'ajouterai, toutefois, que plus on raccourcira les branches d'un échap- pement, plus son exécution devra être soignée, et enfin qu'on peut, sans inconvénient, réduire les échappements de *Graham* ou à chevilles, em- ployés dans les régulateurs et les grosses horloges, à la moitié, au tiers et même au quart des dimensions qu'on leur donne ordinairement. On obtiendra ainsi une régularité d'autant plus grande que les bras seront plus courts ; et, d'ailleurs, comme le frottement diminue en raison du raccourcissement des bras, le même poids moteur produira des oscillations plus grandes, qu'on pourra réduire en diminuant la force motrice ou en augmentant la pesanteur du pendule : on aura ainsi une puissance régulatrice plus grande, mue avec le même poids moteur.

Les considérations théoriques, quelque spécieuses qu'elles soient, ont toujours besoin d'être appuyées des résultats de la pratique : c'est dans ce but que j'ai construit un appareil ou plutôt un échappement dont les bras ont des longueurs différentes, et au moyen duquel on peut acquérir la vérité pratique du principe indiqué plus haut. Le même appareil permet, en outre, de mesurer les quantités de frottement que donneraient des bras de longueurs differentes.

Cet appareil, représenté fig. 11, se compose d'un double bâti *b b*, monté sur une base *d d* ; ce bâti supporte, au point *a*, l'axe d'une branche d'échappement suspendu sur des pivots très fins, pour diminuer le frottement : sur la longueur de ce bras sont construits trois becs d'échappement *i, j, k* de hauteur égale, pour pouvoir y appliquer la même roue, et leur distance respective au centre d'oscillation est comme 1, 8 et 16. Les trois becs ont exactement la même levée, qu'on peut vérifier au moyen d'un arc de cercle divisé, placé au bas du plus grand bec, et d'un index fixé sur la base *d d*. Sur l'axe même de l'échappement est fixé un bras horizontal *t*, à l'extrémité duquel peut être suspendu un petit plateau de balance, dans les conditions employées pour les balances de précision. Enfin, sur le même axe est un autre bras vertical, sur lequel est fixé un poids curseur *r*, au moyen duquel on peut équilibrer tout l'appareil, toutefois sans y comprendre le plateau de la balance, qui, dans l'état d'équilibre de l'appareil, repose, par son couteau, sur une pièce fixe du bâti, et au contact duquel le bras *t* n'arrive qu'au moment où le bec *c c* de l'échappement commence à reculer par l'action qu'exerce sur l'un des fuyants le rayon F, qui représente une des dents de la roue d'échappement; cette dent est mobile autour d'un axe *o*, disposé dans une chape à coulisse P, qu'on peut fixer, en un point quelconque, le long du montant vertical *v*, de manière à permettre de placer à volonté la dent F vis-à-vis l'un des trois becs de l'échappement. Des repères marqués sur le montant *v* permettent de placer sûrement cette dent à la hauteur convenable, pour qu'elle soit tangente à chaque bec. Sur la dent F (dont le corps est taraudé) est placé une masse *m* formant écrou, et dont l'éloignement ou le rapprochement du centre augmente ou diminue l'action de la dent sur les becs.

Enfin, pour diminuer autant que possible les causes d'erreur, j'ai exécuté avec le plus grand soin toutes les pièces : les pivots sont très fins, les surfaces frottantes aussi polies que possible, et l'appareil peut être placé dans la position la plus convenable au moyen des vis calantes *x x*.

Voici la manière d'opérer :

Après avoir disposé la dent F de façon à attaquer l'un des becs, on place dans le plateau de la balance le poids nécessaire pour tenir l'appareil en équilibre au moment où la dent agit sur le plan incliné du bec; puis, conservant ce même poids dans le plateau, on présente la dent à un autre bec, et l'appareil reste également en équilibre, quel que soit le bec attaqué.

Cependant, le plus court des trois becs n'a qu'un seizième de la grandeur du plus long : on concevra dès lors que tous les becs intermédiaires, quel que soit leur nombre, se comporteront de la même manière.

Le résultat pratique confirme donc ici le principe théorique que, abstraction faite du frottement, il est tout à fait indifférent pour l'impulsion que les branches de l'échappement soient longues ou courtes.

Si nous voulons maintenant examiner la question sous le rapport du frottement, le même appareil la résoudra d'une manière aussi certaine.

En plaçant la dent F sur un point quelconque de l'une des courbes de repos, il faudrait un certain poids dans le plateau de la balance pour vaincre le frottement que la dent F exerce sur cette courbe, et déterminer le mouvement de l'échappement. Si on place ensuite la même dent sur une courbe décrite d'un rayon plus grand, on verra qu'il faudra un poids plus lourd pour vaincre le même frottement, et un moindre poids pour surmonter celui d'une courbe décrite d'un rayon plus court : on se convaincra par là que ce poids augmentera en raison directe de la longueur des bras de l'échappement et détruira, dans la même proportion, la liberté du mouvement, par conséquent la régularité de la marche.

Je crois être parvenu à démontrer que, théoriquement, la longueur des bras d'un échappement quelconque doit être la *plus courte possible*; mais de nombreuses discussions avec les artistes ou les horlogers, parmi lesquels, depuis plus de six ans, je m'efforce de propager cette théorie, m'ont démontré que cette expression, parfaitement justifiée d'ailleurs, présente trop de vague pour être bien comprise de tous, et qu'il est utile de poser des bases pratiques à l'application de cette même théorie.

Pour donner plus de clarté à cette partie de mon travail et pour éviter toute fausse interprétation, je crois utile d'entrer dans de plus amples détails sur cette question des longueurs de bras.

Nous avons vu que, si l'on raccourcissait les bras au delà d'une certaine limite, le fuyant deviendrait trop rapide et ne présenterait plus assez de sûreté pour que, après une certaine usure, il pût conserver, pendant un temps convenable, son angle de levée primitif; que, en outre, l'action des dents sur les fuyants, se faisant trop près de l'axe de rotation, tendrait à repousser celui-ci à droite et à gauche, de manière à produire bientôt, dans les trous des pivots, un jeu qui détruirait également une partie de la levée : cet agrandissement des trous serait d'autant plus prompt que l'action serait plus près de l'axe.

Ma pensée primitive était de laisser à chacun le soin de déterminer une

6

longueur convenable, suivant les applications que l'on aurait en vue; mais, d'après un grand nombre d'observations recueillies, et surtout après l'expérience bien acquise que les principes posés plus haut sont insuffisants, j'ai déterminé, d'une manière générale et pour toutes les applications, des longueurs de bras fixes et invariables. Toutefois je n'ai pas la prétention d'imposer de conditions à personne; seulement je crois avoir trouvé une méthode facile, qui satisfait à toutes les exigences.

Avant d'entrer en matière, je ferai remarquer que, jusqu'à présent, on a suivi deux méthodes différentes pour déterminer la longueur des bras d'échappement; les uns les ont proportionnés à la dimension des roues d'échappement, les autres à la longueur du pendule : je vais démontrer que ni l'une ni l'autre de ces méthodes n'est fondée.

On comprendra qu'en adoptant un nombre de dents ou de chevilles en rapport avec le diamètre des roues on pourra augmenter ou diminuer ce diamètre, et conserver néanmoins aux dents le même écartement; ainsi un échappement quelconque, muni de son pendule et conservant le même arc de levée, pourra, sans modification de son effet, s'adapter à toutes les grandeurs de roue, puisque les becs conserveront la même hauteur.

Je pense que ce simple énoncé suffit pour faire comprendre qu'il est impossible d'établir ni d'admettre un rapport de dimension entre ces deux pièces, puisque l'une peut varier à volonté et à l'infini sans changer les conditions de l'autre, de même que l'on peut, à volonté, faire varier la longueur du pendule sans changer les arcs parcourus.

On conçoit, d'après cela, qu'il n'est pas plus raisonnable d'établir un rapport entre la longueur des bras et le diamètre de la roue qu'entre les bras et la longueur des pendules. Selon moi et d'après le principe que je vais développer, il existe deux proportions à observer; l'une entre la longueur des bras d'échappement et l'arc parcouru du pendule, l'autre entre la longueur du bras et la hauteur des becs. Ces rapports sont : 1° pour un même angle du plan incliné et la même hauteur des becs, la longueur de bras doit être en raison *inverse* de l'arc de levée ou même d'oscillation; 2° pour un même angle du plan incliné et le même arc de levée, la longueur des bras doit être en raison *directe* de la hauteur des becs.

Pour trouver toutes les mesures possibles et nécessaires, il suffit de déterminer, pour un échappement quelconque et une fois pour toutes, un rapport entre les données suivantes : 1° l'angle du plan incliné; 2° la hauteur du bec; 3° la longueur du bras par rapport à un angle de levée ou d'oscillation arrêté.

A l'aide de ces trois données, on trouvera la mesure des diverses parties de tout autre échappement.

Commençons par déterminer la première de ces conditions, c'est-à-dire l'angle du plan incliné, qu'il ne faut pas confondre avec l'angle de levée, et qui est celui formé, d'une part par la face même du plan incliné, de l'autre par le prolongement de la ligne *a, b,* fig. 12, passant par le centre de l'échappement et le sommet du plan incliné.

Je dois d'abord faire remarquer que, pour éviter les inconvénients que j'ai signalés plus haut, il suffit, pour une hauteur de bec et un angle de levée donnés, d'adopter une longueur de bras suffisante pour produire un plan incliné d'une certaine obliquité, ou bien, en d'autres termes, de déterminer un plan incliné qui transmette, d'une manière sûre et durable, l'action de la roue au pendule.

Je ferai remarquer également que, dans l'état actuel de l'horlogerie, ces plans inclinés varient, suivant les diverses constructeurs, de 18 à 40 degrés environ. Ces deux extrêmes me paraissent exagérés, surtout l'angle le plus ouvert.

J'adopterai pour base un angle de 25 degrés, qui, suivant moi, présente toutes les conditions désirables, et c'est, en outre, la moyenne de ceux qui sont généralement adoptés par les bons horlogers.

Nous verrons plus loin que plus les oscillations seront réduites, plus les bras devront être longs : dans ce dernier cas, on pourra, sans inconvénient, réduire cet angle jusqu'à 20 degrés environ.

En envisageant sous un autre point de vue cet angle de 25 degrés, on verra que le plan incliné forme l'hypoténuse du petit triangle *c e i,* fig. 12, dont la base *e i* est égale à la moitié de la hauteur du bec. Ce premier point arrêté nous permettra de déterminer la longueur des bras pour une hauteur de bec donnée.

On a vu que, pour un même angle de levée, abstraction faite des frottements, l'impulsion restait la même, quelle que fût la longueur de bras qu'on adoptât. Cette longueur sera ici subordonnée 1° à l'angle déjà adopté du plan incliné; 2° à l'angle de levée; 3° à la hauteur du bec.

Pour point de départ, et pour faciliter la démonstration et le tracé géométrique, prenons une mesure extrême de longueur de bras et de hauteur de bec, par exemple un angle de levée de 1 degré, et la hauteur du bec égale à 8 millimètres; par conséquent, la base du petit triangle *c e i* devra avoir 0,004 de longueur; or ces 4 millimètres représentent l'intervalle d'un degré à l'autre du cercle que décrirait le bec de l'échappement, dont le bras serait égal au rayon du cercle. Il suffira donc, pour avoir la longueur de ce bras, de multiplier ces 4 millimètres par 360 degrés du cercle, ce qui donnera 1,440 millimètres pour la circonférence du cercle, dont on aura le diamètre, en multipliant ce nombre par 7 et en divisant le produit 10,080 par 22; le quotient sera 458 millimètres, dont la moitié, 229 millimètres, sera le rayon du cercle ou la longueur du bras de l'échappement : cette longueur comptera du centre de l'axe, au milieu des fuyants, pour des bras égaux, et, de la ligne de séparation, pour les bras inégaux, comme dans l'échappement à chevilles. Pour éviter les fractions et mettre le calcul à la portée de tous, prenons le nombre rond de 230, au lieu de 229 ; la différence de 1, dans le résultat, est négligeable.

Pour le plan incliné de 25 degrés, un angle de levée de 1 degré et une hauteur de bec de 8 millimètres, nous aurons donc une longueur de bras de 230 millimètres. Ces données suffisent pour trouver le rapport et la dimension de toutes les parties d'un échappement quelconque.

Nous avons vu plus haut que, pour un même plan incliné et une même hauteur de bec, la longueur des bras est en raison *inverse* des arcs de levée ou d'oscillation.

Admettons que, au lieu de 1 degré de levée, on veuille en battre deux, comme le représente la fig. 13, nous aurons cette proportion :

$2 : 1 :: 230 : x = 115$, longueur des bras.

En adoptant 3 degrés de levée, comme le représente la fig. 14, nous aurons cette autre proportion :

$3 : 1 :: 230 : x = 76,6$, longueur des bras.

En adoptant 4 degrés de levée, nous aurons :

$4 : 1 :: 230 : x = 57,5$, longueur des bras.

En adoptant 6 degrés de levée, on obtiendra :

$6 : 1 :: 230 : x = 38,75$, longueur des bras.

Et ainsi de suite.

On remarquera que cette opération, pour une même hauteur de bec, se réduit à diviser le nombre 230 par le nombre de degrés de levée. Cette méthode a, en outre, la propriété de conserver, pour une même hauteur de bec, la même étendue des frottements, soit sur les plans inclinés, soit pendant les arcs supplémentaires, quelle que soit la longueur des bras.

Nous avons vu aussi que la longueur des bras variait en raison *directe* de la hauteur des becs. Ainsi, pour 1 degré de levée et 8 millimètres de hauteur de bec, nous avons une longueur de 230. Mais, si, en conservant cette même levée, on modifie la hauteur du bec, si on lui donne 2 millimètres, par exemple, on aura cette proportion :

$8 : 2 :: 230 : x = 57,50$, longueur des bras.

Si l'on abaisse cette hauteur à 1 millimètre, on aura cette autre proportion :

$8 : 1 :: 230 : x = 28,75$, longueur des bras.

Pour 2 degrés de levée et 8 millimètres de hauteur de bec, la longueur des bras est 115 millimètres ; si, avec cette levée de 2, l'on veut réduire la hauteur du bec à 1m,5, par exemple, on aura cette proportion :

$8 : 1,5 :: 115 : x = 21,5$, longueur des bras.

Pour 3 degrés de levée et 8 millimètres de hauteur de bec, la longueur des bras étant de 76,6, si, avec cette levée, l'on veut réduire la hauteur du bec à 1,4, on aura cette proportion :

$8 : 1,4 :: 76,6 : x = 15,4$, longueur des bras.

De même que, avec une levée de 6 degrés et une hauteur de bec de 1,5, on aura :

$8 : 1,5 :: 38,75 : x = 7,26$, longueur des bras.

Et ainsi de suite.

On voit donc que, à l'aide des premiers chiffres indiqués, on pourra déterminer, pour un même angle du plan incliné, toutes les dimensions possibles, non-seulement la longueur des bras, mais aussi la hauteur des becs pour une longueur de bras donnée.

On peut adopter toute autre base que celle déterminée ici, sans que cela change le principe ni les proportions développées. Je suppose, par exemple, que l'on réduise d'un cinquième l'angle du plan incliné, c'est-à-dire à 20 degrés au lieu de 25, il en résultera que la longueur de tous les bras sera réduite d'un cinquième.

Comme conséquence de ces calculs, et surtout à l'inspection des figures, les personnes peu familiarisées avec les combinaisons mécaniques seront disposées à croire que, plus la hauteur des becs sera réduite, plus l'impulsion (sur un même pendule) sera faible. Il n'en est cependant rien, attendu qu'on ne peut pas, pour un même nombre de dents et la même combinaison des rouages, réduire la hauteur des becs sans réduire, dans la même proportion, le rayon de la roue d'échappement ; par conséquent, ce qu'on aura perdu sur la hauteur des becs on le regagnera par la réduction du rayon de la roue, en laissant, bien entendu, cette dernière sous l'influence d'une même force motrice.

Quoique les opérations arithmétiques soient très faciles, je vais indiquer, pour les personnes qui n'en ont pas l'habitude, une méthode graphique à l'aide de laquelle on pourra résoudre toutes les questions sans le secours d'aucun chiffre.

Nous savons que tous les becs d'échappement sur lesquels agissent des dents aiguës doivent avoir pour hauteur la moitié de l'écartement d'une dent à l'autre de la roue. Nous avons vu aussi que la base du petit triangle $e\,c\,i$ et de celui de tous les autres becs qui sont en rapport est égale à la moitié de la hauteur des becs ; par conséquent, cette base est égale au quart de l'intervalle d'une dent à l'autre de la roue, puisque la hauteur de deux becs forme l'écartement des dents.

Si donc, après la fente de la roue ou la piqûre des chevilles, on présente deux dents, ou chevilles voisines, sur une figure tracée avec précision et semblable à l'une de celles dont je viens de faire usage pour ma démonstration, si on cherche, sur cette figure, la *position*, ou la distance entre deux dents, et qu'on prenne un angle égal à quatre fois celui de levée, la distance de ce point de coïncidence au sommet *a* de la figure donnera la longueur des bras de l'échappement.

On comprendra que plus les dents seront écartées, plus il faudra s'éloigner du centre de rotation *a* pour trouver le point où l'écartement d'une dent à l'autre coïncidera avec les degrés prolongés du cercle, et que, au contraire, plus les dents seront rapprochées, plus on sera forcé de remonter vers le centre *a*.

Ainsi, par exemple, supposons l'écartement d'une dent (ou cheville) à l'autre égal à 8 millimètres et la levée égale à 1 degré; en présentant cet écartement de dents sur les divisions du cercle, ce ne sera qu'à la hauteur B, fig. 12, que cette coïncidence aura lieu; si l'on adopte 2 degrés de levée, elle ne se rencontrera qu'à la hauteur C, fig. 13; et, enfin, si l'on adopte 3 degrés de levée, ce ne sera qu'à la hauteur D, fig. 14; attendu que, dans le premier cas, cet écartement des dents ne devra embrasser que 4 degrés, 8 dans le second, et 12 dans le troisième, ces nombres étant, l'un et l'autre, multiples de quatre fois la levée (1).

Dès lors, la question se réduit, pour les praticiens, à tracer sur une planche métallique, afin de conserver la netteté de la division, une trentaine de degrés du cercle, depuis le centre jusqu'à une certaine distance de celui-ci, suivant les besoins, comme le représente l'une ou l'autre des trois figures. Ce simple instrument pourra faire partie de l'outillage du fabricant d'échappements.

Comme le plan incliné de tout échappement est ramené à un même angle uniforme et invariable, pour faciliter sa construction, on pourra aussi avoir une fausse équerre, fig. 15, dont le petit bras forme, avec le prolongement du plus grand côté, un angle de 25°. Cette équerre pourra guider sûrement la formation du plan incliné, en la présentant sur tout échappement, de la manière indiquée fig. 15.

Je ferai remarquer que les échappements dont les dents (ou chevilles) portent une partie des plans inclinés ne changent en rien le principe que je viens de développer; il y aura seulement cette différence que, après l'exécution, les becs seront d'autant moins hauts que les dents porteront une plus grande quantité du fuyant. En résumé, l'étendue des deux fuyants réunis du bec et de la dent auront la même hauteur que ceux figurés, et dont le fuyant se trouve entièrement sur le bec. Le principe reste encore le même lorsque les fuyants sont placés entièrement sur les dents de la roue.

Je ferai remarquer également que, d'après les lois des plans inclinés et

(1) Je ferai remarquer que les figures sont réduites de moitié de ce qu'elles devraient être par rapport aux chiffres indiqués.

de la mécanique en général, l'impulsion sur le pendule restera la même, quel que soit l'angle du plan incliné qu'on adoptera, puisqu'il est démontré que ce qu'on aura perdu en parcours, dans le sens de l'oscillation, on le regagnera par une impulsion plus forte, et réciproquement; par conséquent, l'angle total d'oscillation sera toujours subordonné à la pesanteur et à la longueur du pendule, ainsi qu'à la force motrice appliquée.

Il résulte de ce qui précède que les oscillations seront d'autant plus grandes que les pendules seront légers et courts : aussi la pratique répond-elle parfaitement à ces conditions. On remarquera, en effet, que dans les grosses horloges et dans les régulateurs, où l'on emploie des pendules pesants et battant environ la seconde, les oscillations totales sont de 2 à 4 degrés; dans les pièces où les oscillations ont une durée d'environ une demi-seconde, les arcs parcourus sont de 4 à 7 degrés; enfin, que dans les pièces où les pendules ont environ 20 centimètres de longueur, les arcs d'oscillation sont de 6 à 10 degrés, suivant leur pesanteur et la force motrice appliquée.

Ainsi, pour une même hauteur de becs, plus les pendules seront légers et courts (puisque la longueur est une des conséquences de la pesanteur), plus les arcs parcourus seront grands; par conséquent pour que la poussée latérale sur les pivots n'ait pas plus de puissance avec les longs pendules qu'avec les courts, il convient, pour rester dans les mêmes conditions, sous le rapport de cette poussée latérale, que les impulsions se donnent d'autant plus loin du centre de rotation *a*, que les pendules seront longs et pesants; en d'autres termes, le point d'impulsion, c'est-à-dire le bec d'échappement, devra s'éloigner ou se rapprocher du centre de rotation *a*, à peu près dans le même rapport que le centre de gravité du pendule.

La longueur des bras étant principalement basée sur l'étendue des arcs parcourus du pendule, et l'arc parcouru étant lui-même, en quelque sorte, la conséquence de la pesanteur et de la longueur de ce même pendule, il en résulte que le principe développé ici est encore en harmonie avec les lois générales de la mécanique.

DEUXIÈME PARTIE

De la tangente des échappements.

Avant d'entrer dans de plus amples détails sur les principes géométriques des divers échappements employés en horlogerie, surtout de l'échappement à cylindre, il convient de démontrer préalablement la nécessité de placer tout échappement à la tangente, position dans laquelle il éprouve le moins de frottement et où, par conséquent, il possède la plus grande liberté possible dans son mouvement.

Pour qu'un échappement soit tangent avec sa roue, il faut que son centre de rotation se trouve placé sur une ligne menée à la circonférence de la roue et passant par la pointe de la dent qui se trouve en contact avec le milieu d'un des becs de l'échappement, tel que le représente la fig. 16.

Supposons A B le rayon de la roue d'échappement ; à l'extrémité A, élevez une perpendiculaire A C à ce rayon ; c'est sur cette perpendiculaire (ou tangente au cercle de la roue, ce qui est la même chose) que devra être placé le centre de rotation d'un échappement quelconque, pour que la pression que la dent de la roue exerce sur la surface frottante de l'échappement produise le moins d'effort, et, par conséquent, le moins de frottement possible, tant sur les pivots et parties frottantes de l'échappement que sur les pivots de l'axe de la roue.

Il est important, dans l'intérêt de l'art, de démontrer cette propriété fondamentale, souvent négligée ou méconnue de beaucoup d'horlogers ; cette règle, bien observée dans l'exécution, ajoute un élément de régularité dans la marche des pièces, et même recule l'époque de l'usure et de la destruction.

Démonstration. — Tout corps mis en mouvement par l'extrémité d'un rayon tournant sur un centre recevra, par ce rayon, une impulsion ou une pression dans la direction d'une perpendiculaire à ce rayon ou d'une tangente au cercle décrit par le point d'attaque ; ainsi l'effort que le rayon A B, fig. 16, exerce sur la surface de l'échappement *i i* communique son action directement aux pivots de l'axe de celui-ci, qui en reçoit, par conséquent, toute la pression. Il est bon de faire remarquer que les pivots de l'échappement, dans cette position, ne peuvent recevoir une autre pression que celle exercée à la surface même de l'échappement par le bout de la dent de la roue, et que les pivots de l'axe de la roue ne reçoivent aucune pression par l'action même du contact de la dent avec la partie du repos de l'échappement. Voyons maintenant ce que deviendra cette même pression lorsque le centre de rotation de l'échappement ne sera pas placé sur la tangente et dans les conditions indiquées plus haut.

Supposons que le rayon A B de la roue d'échappement attaque l'échappement, fig. 17, en un point *e*, la perpendiculaire A C au rayon A B passera, dans ce cas, à côté du centre *i'* de l'échappement. Quelles seront, dans cette position, les pressions que la dent ou son action exercera, tant sur les pivots et la surface de l'échappement que sur les pivots de l'axe de la roue ? Nous avons vu, plus haut, qu'un corps poussé par l'extrémité d'un rayon tournant sur son centre recevait une impulsion ou une pression dans la direction d'une perpendiculaire à ce rayon ; ainsi, dans la position représentée fig. 17, il est évident que l'action que la dent de la roue exercera sur les parois de l'échappement se projettera dans la direction de la ligne A C.

Représentons cette action égale au rayon *e i'* de l'échappement, et considérons-la comme la résultante de deux forces A D et A B, la première passant par le centre de rotation de l'échappement, et la seconde par le centre de rotation de la roue. En établissant le parallélogramme des forces A D *C g*, on aura, d'une part, A D, représentant la quantité de pression que reçoivent les pivots de l'axe et la surface de l'échappement, qui, on le voit, est plus considérable que le rayon du cylindre, et, de l'autre, la pression A *g*, qui se dirige sur les pivots de la roue d'échappement, pression qui, lorsque l'échappement est à la tangente, est nulle.

La position du centre de l'échappement dans la fig. 18 est encore à une plus grande distance de la tangente que dans la précédente, et, en établissant le parallélogramme A D C *g*, on voit que les pressions (ou frottements) que reçoivent les pivots et les surfaces de l'échappement sont représentées par la ligne A D, et les pressions et frottements que reçoivent les pivots et le bout des dents de la roue par la ligne A *g*, toujours par rapport au rayon du cylindre. Dans les échappements dits de *Dupleix*, le centre du cylindre est à peu près placé dans cette position par rapport à la roue, et, par conséquent, laisse beaucoup à désirer pour la liberté du mouvement ; aussi l'expérience a démontré que la destruction et l'usure y sont plus promptes que dans les autres échappements. Enfin plus on s'éloignera de la tangente et plus les frottements deviendront considérables. La fig. 19 représente, de 10 en 10 degrés, la progression de ces frottements depuis la tangente jusqu'à la ligne des centres, où la pression serait au maximum.

Ce que je viens de démontrer s'applique à tous les échappements simples, tels que ceux à cylindre, de *Graham*, à ancre, à chevilles, etc.

Pour appuyer la vérité de ce principe, j'ai construit un petit appareil à l'aide duquel on peut facilement mesurer la quantité des frottements que la même action de la roue d'échappement exerce sur les divers points de l'échappement, selon que le contact de la dent a lieu plus ou moins loin du point de tangence. La fig. 20 représente cet appareil en élévation, et la fig. 21 le montre en plan ; les mêmes lettres indiquent les mêmes pièces dans les deux projections. Cet appareil se compose d'une plaque horizontale *a* exhaussée sur quatre pieds *b b* : sur cette plaque sont montés 1° un axe vertical *c*, mobile sur deux pivots très fins, pour en réduire le frottement ; cet axe porte, à sa partie supérieure, un rayon *d* représentant, à son extrémité, une dent de roue d'échappement ; ce rayon se prolonge, à gauche, au delà de son centre, pour établir un parfait équilibre à ce rayon ; 2° un autre axe *e* également vertical et mobile entre deux pivots, et à la partie supérieure duquel est monté un disque *f* représentant un cylindre ou la partie de repos d'un échappement quelconque.

Le rayon *d* est pressé contre le disque *f* par l'intermédiaire d'une petite soie, laquelle s'enroule sur une poulie *g* et descend verticalement, supportant, à son extrémité inférieure, un plateau de balance *h*. On conçoit qu'en chargeant plus ou moins ce plateau on produira un frottement plus ou moins considérable, tant sur les pivots que sur la circonférence du disque *f*. Autour de cette circonférence *f* s'enroule une autre soie passant sur la poulie *i*, et à laquelle est suspendu un plateau de balance *j* : on comprendra qu'on peut charger ce dernier plateau de manière à ne vaincre qu'exactement le frottement produit par le plateau *h*. On remarquera que la direction du frottement que reçoit le cylindre par le rayon *d* est suivant une perpendiculaire à la tangente ou au rayon *d* passant par l'axe du cylindre. Quand on aura réglé à ce point le poids nécessaire pour vaincre le frottement sans rien changer dans la pression, on pourra faire attaquer le cylindre dans un autre point plus ou moins éloigné de la tangente, au moyen de la vis de rappel *k*, qui fait mouvoir une plaque *l* ajustée à coulisse, sur laquelle sont montés l'axe et le rayon *d*; on se convaincra alors que plus on s'éloignera de la tangente, plus il faudra de poids dans le plateau *j* pour vaincre le frottement produit par le même poids placé sur le plateau *h*.

Pour s'assurer que la direction de la pression s'exerce toujours suivant une perpendiculaire au rayon *d*, j'ai placé la poulie *g* sur un autre rayon *m* ayant son mouvement de rotation sur le même centre que le rayon *d*, de sorte qu'au moyen de la vis *n*, placée à l'extrémité du bras *m'*, faisant corps avec le bras *m*, on peut toujours mettre en contact la pièce *m'* avec le rayon *d*; la poulie *g* suivra exactement le mouvement de ce rayon et conservera constamment à la soie sa perpendicularité avec celui-ci. Une fois ce contact établi, on desserre la vis *k* pour rendre le rayon *d* complétement libre.

Le même appareil donne également les pressions que reçoivent les pivots de l'axe de la roue d'échappement. Voici comment j'obtiens ce résultat : le pivot supérieur de l'axe *c* est maintenu par un petit pont *o*; le trou du pivot de ce pont est coupé par la moitié, et la partie enlevée est remplacée par un disque rond *p*, qui est monté sur un axe mobile dont les pivots sont très fins et très libres; autour de la circonférence de ce disque s'enroule une soie dont le prolongement passe sur une poulie *q*, descend verticalement, et porte, à son extrémité inférieure, un plateau de balance *r*. Nous avons vu, plus haut, que, lorsque le point d'attaque de la dent sur l'échappement ne se fait pas sur la tangente, les composantes A D et A B, fig. 16 et 17, deviennent de plus en plus grandes à mesure qu'on s'éloigne de ce point. Au moyen de cette disposition, il est facile de mesurer cette dernière A B passant par le centre de la roue. Il est clair que l'action que le pivot exerce contre ce disque mobile nécessitera plus ou moins de poids dans le plateau *r* pour le mettre en mouvement sous les diverses pressions de ce pivot.

TROISIÈME PARTIE
Principe géométrique de l'échappement à cylindre employé dans les montres.

Nous avons vu que le principe géométrique de cet échappement est le même que celui des échappements de *Graham*, à ancre, à chevilles, etc.; mais, appliqué aux montres, il exige d'autres conditions que ceux-ci.

1° Il doit permettre les plus grandes oscillations possibles au balancier, qui, dans certaines pièces, parcourt jusqu'à 350 degrés, c'est-à-dire presque la révolution entière ;

2° Il ne doit pas pouvoir s'arrêter au doigt ni par des mouvements brusques dans le sens de l'oscillation ;

3° Enfin, quoique son principe fondamental soit le même, sa construction diffère sensiblement.

J'ai dû m'occuper de tous ces effets, tant sous le rapport géométrique que sous celui de la pratique.

Cet échappement étant aujourd'hui généralement adopté dans la petite horlogerie, il importe d'en faire connaître les vrais principes, afin de pouvoir le construire avec toute la perfection possible. Plusieurs artistes et horlogers s'en sont occupés et l'ont déjà traité de bien des manières; mais aucun, que je sache, ne l'a envisagé dans tous ses détails, sous le rapport géométrique. On s'est plus occupé de sa construction que de son principe; aussi beaucoup de ces échappements laissent-ils à désirer, tant sous le rapport de leur marche que sous celui de leur durée. J'ai dit que la plupart des perturbations qui surviennent dans la marche des pièces d'horlogerie proviennent essentiellement des variations de frottement, et principalement de celles de l'échappement et de sa roue, à cause de leur grande vitesse, comparativement aux autres mobiles. Je ne saurais donc trop insister sur ce point.

Le perfectionnement qu'il importe le plus d'introduire dans tout échappement est celui qui tend à le faire marcher, sous une action déterminée, avec le moins de frottement possible ; c'est surtout vers ce but que j'ai dirigé mes études. Je crois donc rendre un service à l'art que je professe en faisant connaître quelques améliorations, fruit de mon travail, tant sous le rapport théorique que sous celui de la pratique.

Une des conditions essentielles à remplir dans la confection d'un échappement, c'est de le construire de manière à ne pouvoir l'arrêter à volonté, ni au doigt, ni par un mouvement brusque quelconque. Pour lui donner cette propriété, il suffit qu'une des lèvres du cylindre soit constamment attaquée par le fuyant d'une des dents de la roue, quand le ressort spiral est à zéro de tension ; pour cela, il faut donner au cylindre une ouverture de 180 degrés, moins l'arrondi des lèvres (c'est-à-dire environ la demi-circonférence du cercle), et placer le centre de l'échappement sur la tangente comme je l'ai défini ; on sera alors assuré que l'une ou l'autre lèvre du cylindre sera toujours attaquée par le fuyant d'une des dents de la roue à la moitié environ de sa longueur, tel que le représentent les dents G G, fig. 22, et qu'ainsi l'échappement sera forcé de reprendre sa marche immédiatement s'il était arrêté sur ce point, le seul où il soit possible qu'il le soit ; en tout autre endroit, l'action du spiral le force naturellement à reprendre son mouvement. L'ouverture de 180 degrés, moins la saillie des lèvres, est celle qui permet aussi les plus grandes oscillations avec la construction ordinaire de cet échappement.

Pour pouvoir suivre facilement la description géométrique, j'ai donné au dessin de grandes dimensions, et j'ai seulement nombré la roue de six dents, afin de mieux faire ressortir les particularités qui s'y rencontrent. Pour rendre la description plus claire, j'ai supposé les parois du cylindre sans épaisseur, ou, si l'on veut, je ne présente que le milieu de ces parois. Avec cette disposition on comprendra que les dents de la roue devront avoir autant de plein que de vide ; on verra, plus loin, où et combien de matière il faudra retirer à la dent pour pouvoir marcher avec un cylindre dont l'épaisseur des parois est déterminée, ainsi que la forme à donner à la surface ou fuyant des dents, que nous supposerons, pour le moment, droit, tel que le représente la dent A, fig. 22.

Ainsi, en supposant les parois du cylindre sans épaisseur et six dents à la roue, chaque dent, dans ce cas, devra être contenue dans un angle du douzième de la circonférence de la roue, c'est-à-dire dans l'angle $n\,a\,o$. Supposons en o la naissance de la pointe de la dent qui doit frotter sur les parties de repos du cylindre. On a vu que c'est à ce point qu'il faut élever une perpendiculaire au rayon $a\,o$ ou une tangente au cercle de la roue passant par le point o, naissance de la dent, et qu'il faut placer le centre de rotation de l'échappement sur cette tangente, afin d'obtenir le moins de pression dans la marche, et, par conséquent, le moins de frottement possible. L'autre extrémité de la dent devra se terminer au point k, rencontre de la tangente $o\,m$ avec le rayon prolongé $a\,n$, faisant avec le rayon $a\,o$, un angle du douzième de la circonférence. Comme nous supposons les parois du cylindre sans épaisseur, le diamètre de celui-ci devra être égal à la longueur de la surface frottante de la dent ; par conséquent, son centre de rotation *x* devra se placer sur le milieu de cette surface rectiligne.

On voit donc que la surface de cette dent (ou la droite passant par les deux extrémités), le diamètre du cylindre et la tangente ne formeront qu'une seule et même ligne, invariable et constante pour une roue du même diamètre et du même nombre de dents. Il est essentiel que ces conditions soient observées : 1° pour conserver au balancier les plus grandes oscillations possibles sans qu'il puisse s'arrêter au doigt ou par un mouvement brusque quelconque; 2° pour que l'action de la roue sur l'échappement produise le moins de frottement possible, tant sur les pivots et sur la surface de l'échappement que sur les pivots et les parties frottantes des dents de la roue, comme je l'ai démontré plus haut. Voyons maintenant quel sera l'angle que cette dent fera parcourir au cylindre pendant la levée qui, par cette méthode, se trouve naturellement déterminée : pour cela, il suffit de prolonger la circonférence du cylindre de *k* en *l*, point de rencontre, avec la circonférence de la roue qui passe par la naissance des pointes des dents, puis de mener une droite ou tangente *x l* passant par le centre du cylindre et au point de rencontre des deux circonférences du cylindre et de la roue. Cette droite forme, avec la droite *x k*, un angle *k x l*, qui est l'angle de levée d'une roue de six dents. Je ferai remarquer que, en maintenant les conditions ci-dessus énoncées, il est impossible de faire varier l'angle de levée avec le même nombre de dents; mais, comme cet angle varie en raison inverse du nombre des dents de la roue, il sera d'autant plus petit que leur nombre sera plus grand, puisque le centre du cylindre devra se rapprocher de plus en plus du point *o*, où, s'il était possible de le placer, il rendrait la levée égale à zéro. C'est ce que démontre l'inspection des autres dents de la fig. 22, où B représente une dent de la même roue qui serait divisée en huit; C la dent d'une roue divisée en dix, et D celle d'une roue divisée en douze. Dès lors, en suivant le même principe pour le tracé d'un échappement convenable à chacune de ces dents, l'angle de levée deviendra de plus en plus petit.

Maintenant, je vais démontrer quelle sera la progression de cet angle de levée par rapport au nombre des dents de la roue. Pour parvenir à cette démonstration, je mène d'abord une droite *a* F passant par le centre de la roue et celui du cylindre de la dent A; une autre droite *a l* du centre de la roue et tangente à la circonférence prolongée du cylindre; je forme, à l'aide de ces deux droites et du rayon *a o*, deux triangles égaux, *l a x* et *x a o*, puisque leurs côtés et angles correspondants sont tous égaux : il est inutile de démontrer cette égalité, elle est évidente. Nous savons que la somme des angles de tout triangle est égale à 180 degrés ou à la demi-circonférence d'un cercle; donc la demi-circonférence F *k l d* égale la somme des trois angles du triangle *x a o*. Voyons à quel angle de ce triangle correspond l'angle de levée. Pour cela, je divise en deux parties égales

l'angle de levée $k\,x\,l$ par la ligne $x\,p$; cette dernière forme, avec la ligne
F a, deux angles droits F $x\,p$ et $p\,x\,a$. Remarquons que l'angle droit $p\,x\,a$
est égal à l'angle $x\,o\,a$, l'angle F $x\,k$ égal à l'angle $o\,x\,a$: donc l'angle $k\,x\,p$,
moitié de l'angle de levée, sera égal à l'angle $x\,a\,o$, moitié de l'angle $l\,a\,o$;
donc l'angle de levée $k\,x\,l$ est égal à l'angle $l\,a\,o$, qui contient le cylindre
lorsqu'on le prolonge jusqu'à la rencontre de la circonférence de la roue.
On remarquera que cet angle $l\,a\,o$ est plus grand que l'angle $n\,a\,o$, douzième
de la circonférence de la roue; or si, avec cette dimension et six dents à
la roue, la différence de ces deux angles est minime, elle le sera encore
bien davantage avec une roue de la dimension de celles employées dans
les montres et avec un plus grand nombre de dents, comme on peut s'en
convaincre à l'inspection des dents B C D, sur lesquelles cette différence
est indiquée. On peut donc dire, sans crainte d'erreur pratique, que l'angle
de levée d'un échappement à cylindre est égal à la circonférence de la
roue divisée par le double du nombre des dents que porte cette roue :
ainsi, par exemple, pour une roue de quinze dents, je divise la circonférence 360 degrés par 30, et j'ai pour quotient 12, qui est l'angle de levée
de cette roue; bien entendu que la portion de levée provenant de l'arrondi
des lèvres doit être ajoutée à celle provenant du plan incliné de la dent,
comme je l'ai démontré en parlant des échappements de *Graham*, à chevilles, etc. Cette portion d'arc, dans l'échappement à cylindre, varie de
5 à 10 degrés, suivant que les lèvres sont plus ou moins épaisses et que
l'arrondi est plus ou moins prononcé. Un arrondi qui produira 4 à 5 degrés
me paraît très convenable pour cet échappement.

Ici se présenteront probablement des objections de la part d'un grand
nombre de praticiens qui, avec ce nombre de dents à la roue, ont l'habitude de faire lever l'échappement de 20, 25, 30 et même 40 degrés, bien
convaincus qu'ils impriment, avec cette levée, une plus forte impulsion au
balancier; il est facile de démontrer le contraire à l'aide de la loi des plans
inclinés. Je ferai d'abord remarquer que l'angle de la dent, qui est formé
par le fuyant $o\,k$ et par sa base $o\,l$, est exactement la moitié de l'angle de
levée, puisque tout angle qui a son sommet à la circonférence d'un cercle
est égal à la moitié de l'arc de cette circonférence compris entre les deux
côtés de cet angle; cette portion d'arc est précisément l'arc de levée; d'où
il suit que l'angle de la dent est toujours égal à la moitié de l'angle de
levée provenant de l'obliquité de la dent. Ainsi, quand on voudra augmenter la levée, il faudra augmenter, dans la même proportion, l'angle de
la dent. Appliquons cette condition à la dent E, et voyons s'il y a augmentation de force pour l'impulsion. La dent E, formée naturellement par
le principe développé plus haut, présente un triangle $l\,o\,k$, qui a pour
base $l\,o$ et pour hauteur $l\,k$; ce triangle doit être considéré ici comme un
plan incliné, ou un coin à l'aide duquel on veut soulever une résistance

quélconque; nous savons que plus le triangle sera *bas* ou la hauteur *l k* réduite, moins il faudra de force pour soulever une même résistance.

Pour connaître la puissance d'un plan incliné quelconque, il suffit de diviser la longueur de sa base *o l* par sa hauteur *l k*; ainsi, par exemple, supposons la base *o l* égale à 30 et la hauteur *l k* égale à 5; si l'on fait la division, on aura pour quotient 6, ce qui signifie qu'en poussant le plan incliné avec une puissance de 1 on soulèvera une résistance de six.

Mais, si nous augmentons la hauteur du plan incliné et si nous la portons à 10, par exemple : divisant 30 par 10, on aura pour quotient 3, qui n'est que la moitié de la puissance du premier. On remarquera aussi que cette résistance 3 est soulevée ou poussée à une hauteur double du premier et dans le même temps, ce qui donne théoriquement le même résultat pour l'impulsion, puisque ce qu'on aura perdu en force on le gagnera en vitesse. Cette démonstration s'applique aux plans inclinés de toute espèce d'échappement.

Si l'on ne consultait que cette loi, la quantité de levée qu'on donnerait aux échappements serait indifférente, puisque le résultat théorique est le même; mais il est important d'examiner la question sous le rapport des frottements, surtout appliquée aux montres, où son influence se fait sentir plus que dans les grosses machines. A l'inspection de la dent E, fig. 22, il est facile d'apercevoir que plus on augmentera la hauteur du plan incliné, plus le fuyant deviendra long et, par conséquent, plus le frottement, pendant la levée, sera considérable; le diamètre du cylindre, augmentant également, ajoute encore au frottement durant les arcs supplémentaires. Si l'on veut conserver au cylindre une ouverture de 180 degrés, afin de permettre au balancier les plus grandes oscillations possibles, et en même temps pour qu'il ne puisse pas s'arrêter au doigt, il importe de placer son centre de rotation sur le milieu du fuyant *droit* de la dent, en *x'* par exemple. Dans ce cas, le centre ne se trouvant plus sur la tangente, comme nous l'avons dit plus haut, il se produira encore une augmentation de frottement assez sensible.

La presque totalité des échappements à cylindre sont construits, de nos jours, avec tous ces défauts; néanmoins il est possible, tout en maintenant le centre de rotation sur la tangente, de faire lever cet échappement plus ou moins que n'indique cette méthode; mais ce résultat ne peut être obtenu qu'aux dépens de l'ouverture du cylindre; par exemple, si l'on veut lever 5 degrés de plus que ne donne ce principe, il faudra donner au cylindre une ouverture de 5 degrés de plus que les 180, c'est-à-dire porter cette ouverture à 185, et le contraire si l'on veut réduire la levée; mais, dans ce cas, l'amplitude des oscillations sera d'autant plus réduite que le cylindre sera plus ouvert, et réciproquement; la dent E présente l'application de cette disposition. Il est donc démontré que, en maintenant l'ouverture de 180 degrés, tout concourt à une augmentation de frottement, lorsqu'on augmente la levée au delà de celle déterminée par cette méthode et qui correspond au nombre des dents de la roue.

D'après cette démonstration, on serait tenté de croire que, en réduisant la levée au delà de celle déterminée, les frottements seront diminués dans la même proportion.

Pour que les praticiens ne tombent pas dans cette erreur et dans une plus grave encore que la première, il importe d'en faire connaître les inconvénients :

1° Si l'on réduit l'arc de levée au delà de celui déterminé par cette méthode, on sera forcé de déplacer le centre du cylindre et de le reporter vers la roue; il sera alors en dedans de la tangente, et produira, dans cette position, la même augmentation de frottement que s'il était placé en dehors, comme dans le premier cas.

2° Au moment où le fuyant d'une des dents de la roue commence à lever le cylindre, celui-ci a acquis, dans sa marche, par l'action de son ressort spiral, à peu près sa plus grande vitesse de mouvement; la roue, au contraire, passe, dans le même moment, de son état de repos à celui de mouvement, et doit vaincre sa force d'inertie ou déterminer sa mise en train; elle a, par conséquent, moins de vitesse à son départ que dans le courant de la levée; il est donc certain que les dents de la roue n'atteignent les lèvres du cylindre, qui fuient devant elles en ce moment par l'excès de leur vitesse, que quand celles-ci ont déjà parcouru quelques degrés en avant.

Si nous supposons les lèvres atteintes au bout de 3 degrés de parcours de celles-ci, et la levée totale de 12 degrés, par exemple, il n'y aurait qu'un quart de l'impulsion perdue par le manque de contact; tandis que, si l'on réduisait la levée totale à 6, il y en aurait la moitié. On concevra aussi qu'indépendamment de la perte de force produite par le manque de contact des dents avec les lèvres du cylindre, pendant une partie de la levée, il se produira un petit choc à chaque vibration, au moment où les dents de la roue ont acquis assez de vitesse et atteignent la lèvre du cylindre. On sait qu'en mécanique les chocs sont très nuisibles et occasionnent la prompte destruction des machines; il est donc important de ne pas trop réduire la levée d'un échappement.

J'observerai que la force d'inertie de la roue sera d'autant plus facile à vaincre que cette roue sera plus légère; par conséquent pour faire disparaître une partie de ce défaut, il convient de donner aux roues d'échappement la plus grande légèreté possible : on peut également remédier à ce défaut par la forme des fuyants, comme nous le verrons dans l'article suivant.

Avant de passer à la démonstration des fuyants, je ferai remarquer que les horlogers en montres ont une manière toute différente de déterminer la levée d'un échappement; ainsi, au lieu d'observer l'arc décrit par le balancier pendant le passage des dents sur les plans inclinés, ou pendant l'impulsion, tel que je l'ai démontré plus haut, ils prennent pour point de départ le zéro de tension du ressort spiral (position où la levée est déjà à moitié effectuée) et portent une demi-levée à droite et une demi-levée à gauche de ce point. Cette méthode conduit à des erreurs assez graves, en ce que la pénétration des dents sur les parties de repos du cylindre se trouve comprise dans l'angle de levée observé de cette manière. Beaucoup d'horlogers font tomber à tort les pointes des dents de la roue à 6, 8 et même 10 degrés de pénétration sur les parties de repos du cylindre; dans ce cas, la levée réelle se trouve augmentée de cette quantité au moment de la chute. Cette pénétration est vicieuse en elle-même en ce qu'elle produit des frottements inutiles pendant les arcs de repos; deux degrés de pénétration, à partir de l'arrondi des lèvres, suffisent pour assurer les fonctions de cet échappement.

1° *De la courbe des surfaces frottantes ou fuyants des dents de la roue d'échappement à cylindre.*

Les horlogers et les artistes ne sont pas plus d'accord sur la courbe à donner aux surfaces frottantes ou fuyants des dents de la roue d'échappement à cylindre qu'ils ne le sont sur la quantité de levée à donner à cet échappement; cela tient, évidemment, à ce qu'il n'y a pas eu de principes exacts publiés sur ces diverses parties de l'horlogerie.

Les artistes sont divisés d'opinion concernant cette surface frottante; les uns adoptent une surface rectiligne ou droite, d'autres une surface concave ou creuse, d'autres une surface convexe et dont la propriété est que, dans tous les points de la levée, la marche du cylindre est proportionnelle à celle de la roue; d'autres enfin une courbe également convexe; mais qui a pour but de rendre l'action de la force motrice proportionnelle à la résistance croissante du spiral.

Ces opinions sont bien différentes et même contradictoires; nous allons les analyser successivement sous leur rapport géométrique et mécanique, et nous saurons à laquelle de ces lignes on doit donner la préférence : nous commencerons par le fuyant droit.

Les partisans de cette ligne prétendent y reconnaître les propriétés suivantes :

1° Qu'étant la plus courte elle devra engendrer moins de frottement que toutes les autres;

2° Qu'il n'y a pas plus de décomposition de force en un point qu'en un autre, et par conséquent moins de destruction;

7

3° Que cette ligne peut être considérée comme éprouvant une résistance constamment uniforme de la part du balancier ;

4° Enfin qu'elle absorbe moins de force motrice.

Ces diverses propriétés sont décrites avec quelques détails et recommandées aux constructeurs, pages 238 et 239 d'un petit ouvrage publié récemment par M. *Henri Robert ;* mais toutes ces prétendues propriétés, que l'auteur croit reconnaître dans cette ligne, ne sont qu'imaginaires quant à cette application et ne reposent sur aucun principe mécanique, comme il nous sera facile de le démontrer à l'aide de la fig. 23.

D'abord rappelons ce principe fondamental en mécanique : « Ce qu'on gagne en vitesse ou en parcours on le perd en force, et réciproquement ; » en d'autres termes, la force est le produit de la masse multipliée par la vitesse. Appliquant ce principe à l'échappement à cylindre, on comprendra facilement que, pour donner au balancier une force uniforme et constante dans tous les points de la levée, il faut que le parcours ou la vitesse du cylindre dans sa marche soit uniforme et proportionnel au parcours ou à la marche de la dent ; cette propriété est loin d'être vraie dans cette application, comme nous allons le voir sur la dent F, fig. 2, formée d'après le principe que nous avons décrit ailleurs.

1° Divisons le parcours de la dent F, pendant la levée, en six parties égales, 1, 2, 3, 4, 5, 6 ; divisons l'angle de levée de celui-ci aussi en six parties égales, *a, b, c, d, e, f,* prises sur la circonférence prolongée du cylindre ; 2° prolongeons ces divisions de part et d'autre, les premières vers le centre de la roue et les dernières dans la direction de sa marche. On remarquera que, quand la dent F aura parcouru les deux sixièmes de sa levée, de *s* en *r* par exemple, le cylindre n'aura parcouru, pendant le même temps, qu'un douzième seulement de sa levée ; par conséquent, la dent de la roue, dans ce parcours, aura marché, par rapport au cylindre, quatre fois plus vite que celui-ci, et, par cette raison, lui aura transmis, dans ce même parcours, une force quatre fois plus considérable que la force moyenne de ce plan incliné. D'un autre côté, remarquons que, pendant le dernier sixième du parcours de la dent sur la même lèvre, de *o* en *p* par exemple, le cylindre parcourra, dans le même temps, 2 sixièmes et 1/4 de sa levée ; dans ce dernier cas, la dent marchera, par rapport au cylindre, deux fois et 1/4 plus lentement que celui-ci, et, par cette raison, lui communiquera une force deux fois et 1/4 moindre que la force moyenne de ce plan incliné. Comme la roue d'échappement reçoit pendant toute la levée une action constante et uniforme de la part du moteur, il s'ensuit que ce plan incliné imprimera une action quatre fois plus puissante au commencement que vers le milieu de la levée, et deux fois et 1/4 moins vers la fin ; en d'autres termes, que la force appliquée par la roue au cylindre, durant la même levée, sera neuf fois plus considérable au commencement que vers la fin.

Dans ce chiffre, je suppose la résistance du spiral égale en tous les points de son parcours, supposition qui est loin d'être exacte, puisque la résistance de ce ressort augmente à mesure qu'il est plus tendu. Supposons seulement cette variation de résistance depuis 0 de tension jusqu'à la fin de la levée comme de 1 à 3; ajoutant cette nouvelle décomposition à celle de 1 à 9 du plan incliné, on aura une décomposition réelle de 1 à 27. En considérant, comme le font beaucoup d'horlogers, l'effet de l'échappement pendant toute l'action du ressort spiral, cette décomposition serait encore plus considérable, attendu qu'au commencement de la levée le balancier, au lieu d'opposer de la résistance à la dent, est, au contraire, sollicité dans son mouvement de retour par l'oscillation précédente. Mais nous devons ici abandonner l'action que la dent doit exercer sur les lèvres du cylindre, à partir du commencement de la levée jusque vers le milieu, puisque, d'une part, le cylindre ne présente aucune résistance dans ce parcours, et que, de l'autre, la roue ne peut donner aucune impulsion pendant une partie de ce même parcours. Comme il est démontré qu'elle ne peut suivre les lèvres du cylindre, au commencement de la levée, nous ne devons tenir compte de cette décomposition que depuis le milieu de la levée seulement jusqu'à la fin.

Cette décomposition, comme nous venons de le voir, sera de 21/4 sur le plan incliné et de 3 sur le ressort spiral, ce qui fera encore une différence de 1 à 7 environ.

D'après ce qui vient d'être exposé, on concevra que plus la différence de résistance sera grande, et plus la force motrice devra être puissante pour vaincre le maximum de cette résistance, et que les frottements, qui sont en raison des pressions, augmentant dans la même progression, détruiront une partie de la liberté du mouvement, et diminueront d'autant l'étendue des arcs d'oscillation. Outre cette augmentation de frottement, on aura encore le petit choc qui résulte de la différence de vitesse de la marche du cylindre et de la roue, au commencement de la levée, et qui se réitère à chaque oscillation.

Dans beaucoup de pièces d'horlogerie, ces chocs sont très appréciables à l'oreille ; si l'on veut s'assurer de cet effet, il suffira de couvrir d'une couche très mince la surface frottante des fuyants, par exemple avec du noir de fumée appliqué sur les pièces, en les tenant un instant exposées au-dessus d'une bougie ordinaire, ou avec toute autre substance de ce genre. Les fuyants étant ainsi préparés, on fera marcher les pièces pendant un instant, en ayant soin, avant la mise en marche, que rien ne touche cette partie du frottement, pas même les lèvres qui viendront se mettre en contact avec elles ; en arrêtant et en démontant la roue avec les mêmes précautions, on se convaincra, par les traces que laisse le frottement, que les fuyants, dans cet échappement, n'exercent pas leur impulsion dans toute leur longueur comme on paraît le supposer. Ce défaut existe aussi dans d'autres échappements, où les oscillations sont promptes et où le départ des roues doit être instantané, pour pouvoir suivre le plan incliné.

D'après ce qui précède, on concevra que le fuyant droit n'est pas plus propre à faire repartir seul le balancier d'une montre lorsqu'il se trouve arrêté, puisque ce fuyant nécessite une force motrice plus grande, à cause d'une plus grande résistance vers la fin de la levée.

Dans un ouvrage sur l'horlogerie publié récemment par M. *Henri Robert*, l'auteur dit que, ayant supprimé la fusée dans les montres à cylindre (mécanisme qui a le défaut de les laisser arrêter en les remontant), on avait par ce fait détruit le motif des arrêts, et qu'il n'était plus nécessaire de conserver cette propriété à cet échappement. Je ne partage pas l'opinion de M. *Robert* ; car il ne suffit pas qu'une montre conserve sa marche en la remontant, il faut encore qu'elle puisse se remettre seule en mouvement et sans aucune secousse, quand elle se trouve arrêtée faute d'être remontée, ou par toute autre cause.

M. *Robert* s'est également trompé en comparant les fonctions d'un fuyant droit d'une dent de roue d'échappement à cylindre à celles d'un coin rectangle ordinaire à fendre le bois. Dans cette application, la comparaison est inexacte en ce que le coin écarte le bois proportionnellement à son parcours, tandis que le fuyant droit sur la dent est loin de satisfaire à cette condition, comme nous l'avons démontré ; en outre, la plus grande résistance qu'offre le bois pour se fendre est dans le commencement de sa séparation, tandis que l'échappement n'offre la plus grande résistance qu'à la fin.

La difficulté d'exécution de toute autre ligne qu'une droite ne saurait être un obstacle pour la fabrication, puisque aujourd'hui toutes ces pièces s'exécutent mécaniquement.

Ayant démontré que le plan incliné droit ne procure aucun des avantages annoncés par les partisans de cette ligne, il nous reste à chercher si, dans les courbes, il n'y en aurait pas qui satisfissent mieux aux conditions qu'exige cet échappement.

2° *De la courbe concave ou creuse.*

D'après ce qui vient d'être dit au sujet du fuyant droit, il sera facile de démontrer, à l'aide du même tracé géométrique, qu'une courbe concave quelconque engendrera une décomposition de force plus considérable encore que la ligne droite, donnera par conséquent plus de frottement et nécessitera une force motrice plus grande pour vaincre le maximum de cette résistance. On concevra également que le petit choc résultant de la différence de vitesse de la roue et du cylindre au commencement de la levée sera encore plus considérable, et dès lors amènera infailliblement une destruction plus prompte de l'appareil.

Je crois inutile d'insister sur cette courbe ; son infériorité est évidente, et c'est sans fondement que quelques horlogers exécutent des échappements avec des fuyants de ce genre.

3° De la courbe convexe ayant la propriété de rendre, en tous les points de la levée, la vitesse de la roue proportionnelle à celle du cylindre.

Cette courbe, figurée sur la dent F' fig. 23, s'obtient de la manière suivante : sur le milieu de la droite *o t p* passant par les deux extrémités de la dent, élevez une perpendiculaire *s' p'* placez la pointe du compas au point *o* naissance de la dent, et, avec une ouverture égale au rayon de la roue, décrivez l'arc *c p''* ; le point de rencontre de cet arc avec la perpendiculaire *s' p'* sera le centre de cette courbe.

On remarquera que la surface de cette dent formée par une portion du cercle décrit à partir du centre indiqué, aura la propriété de faire décrire au cylindre des arcs proportionnels à celui de la dent, puisque, quand celle-ci aura parcouru 1, 2 ou 3 sixièmes de sa levée, le cylindre aura également parcouru dans le même temps 1, 2 ou 3 sixièmes de la sienne.

Ainsi donc, en supposant la résistance du cylindre égale en tous les points de son parcours, cette courbe ne présentera aucune décomposition de force, offrira, par conséquent, moins de résistance et moins de frottement vers la fin de la levée, et, par la même raison, nécessitera une force motrice moindre que le fuyant droit, attendu que ce dernier présente au moins une décomposition de force de 1 à 7, tandis qu'avec cette courbe il n'y aura plus que les variations de résistance du ressort spiral, que nous avons supposé de 1 à 3. En employant le fuyant convexe, on aura donc sur la décomposition de force une amélioration de 4 septièmes sur le fuyant droit, ce qui est déjà considérable ; de même la différence de vitesse de la dent et du cylindre, au commencement de la levée, est également moindre; par conséquent, le petit choc et la destruction de l'appareil résultant de cette différence de vitesse sont également réduits.

Il est évident qu'une courbe qui ferait entièrement disparaître ce dernier défaut, et qui remédierait aux diverses résistances qu'oppose le ressort spiral, serait encore préférable à cette dernière.

Nous allons tracer et décrire une courbe qui satisfera à ces deux conditions.

4° De la courbe convexe ayant pour but de rendre l'action de la force motrice proportionnelle à la résistance croissante du spiral.

D'après la démonstration des plans inclinés précédents, il est aisé de comprendre que, pour corriger à son départ la force d'inertie qui résiste à la mise en train de la roue, il faudra donner à cette nouvelle courbe une forme telle qu'elle permette à la surface de la dent de suivre, dans sa marche et pendant toute la levée, celle des lèvres du cylindre. On sait que cette marche naturelle de la roue commence par un mouvement lent qui devient progressivement plus rapide jusqu'à la fin de la levée : il convient donc, pour ne rien perdre de l'action de la roue au commencement de la levée, et détruire le petit choc qui se manifeste au même moment, de donner au commencement de cette même courbe un angle d'abord très ouvert et décroissant graduellement jusqu'à la fin, pour que la dent transmette au cylindre une force de plus en plus grande et proportionnelle à la résistance du ressort spiral, qui augmente progressivement jusqu'à la fin de son parcours.

On concevra que la détermination mathématique d'une telle courbe serait très difficile, et même impossible, attendu que, parmi le grand nombre des éléments qui entrent dans sa composition, il s'en trouve de très variables, surtout si l'on tient compte de la vitesse acquise du balancier à chaque point de son parcours. Aussi je me bornerai à la représentation d'une courbe approximative et capable d'être reproduite dans l'exécution.

La dent F'' représente la forme de cette courbe ; on remarquera qu'elle est décrite de deux points de centre seulement, en q et en u, afin d'en rendre l'exécution facile. Voici comment je la détermine :

Je divise, comme sur la dent F, en six parties égales, le parcours de cette dent et celui du cylindre pendant la durée de la levée : du centre q et d'un rayon égal à $o\,e$ de la roue, je décris un arc de cercle par les deux points j, v ; du centre u, je décris un autre arc de cercle $v\,o$, formant la continuation et le complément du premier. Il est évident que cette courbe, à son départ, permettra à la roue de se mettre en marche, d'abord lentement, puis progressivement de plus en plus vite jusqu'à la fin. On remarque en effet que, quand le cylindre aura parcouru un sixième de la levée, la roue, dans ce même temps, n'aura parcouru qu'un tiers environ de son premier sixième ; que vers le milieu des deux parcours la vitesse sera égale, et que vers la fin la marche de la roue sera plus rapide que la marche du cylindre, et par cela donnera aux lèvres de celui-ci une impulsion plus grande que la force moyenne de ce plan incliné, ce qui compensera la résistance croissante du ressort spiral vers la fin de la levée.

La dent munie de cette courbe prenant, vers la fin de la levée, une vitesse plus grande dans son mouvement que ne le ferait une dent formée par une droite, les partisans de cette dernière ligne ne manqueront pas de faire ressortir que ce fuyant convexe produira sur le repos, au moment de la chute, un choc plus fort que ne le fait le fuyant droit. Cette objection est fondée, puisque, dans ce moment, la roue marche avec une vitesse plus grande ; mais elle doit tomber devant la considération que cette courbe qui offre une résistance toujours égale, nécessite moins de force motrice, pour entretenir l'oscillation, que tous les autres fuyants, et surtout le fuyant droit.

J'ai supposé les parois du cylindre sans épaisseur, afin d'en rendre la démonstration plus simple et plus claire; mais cette disposition ne pouvant être maintenue dans l'application, il est nécessaire d'expliquer comment on doit disposer les dents pour agir sur un cylindre dont l'épaisseur des parois sera déterminée à l'avance. Pour cela, il suffit de fendre ou d'ouvrir sur la machine à fendre, l'intervalle des dents, par une fraise ayant exactement l'épaisseur de la paroi du cylindre, et faire la division de cette ouverture sur un nombre double de celui des dents de la roue. Cette manière d'opérer déterminera de suite le vide et le plein nécessaires, et rendra les extrémités des dents moins aiguës, moins fragiles et mieux disposées pour recevoir le frottement du cylindre. Les dents G, G, fig. 22, sont représentées avec cette modification et ayant la courbe convexe décrite au paragraphe précédent.

Cette petite partie retranchée à chaque extrémité ne change en rien les conditions des principes que je viens d'exposer; de même, quant à la levée, l'arrondi des lèvres suppléera à cette suppression de la pointe des dents pour ce dernier cas.

QUATRIÈME PARTIE

De l'échappement à palettes.

L'invention de l'échappement à palettes, dont on ignore la date et l'auteur, paraît remonter jusqu'à la naissance de l'horlogerie; car la presque totalité des horloges, pendules et montres exécutées avant le milieu du XVIIIᵉ siècle sont munies de cet organe; de nos jours encore, toutes les montres ordinaires du commerce connues sous le nom de *montres à roue de rencontre*, sont construites avec cet échappement. La préférence qu'on lui donne, particulièrement dans l'application à la montre ordinaire, est due principalement à sa simplicité apparente et au peu de frais de sa construction. Les habitudes de fabrication sont aussi pour quelque chose dans cette préférence; car de nombreuses expériences ont constaté que cet échappement, tel qu'on le construit, ne donne pas un résultat aussi exact que les échappements à chevilles, de *Graham*, à ancre, à cylindre, etc. On verra plus loin que cette infériorité, dans un grand nombre d'applications, est due plutôt à l'inobservation ou à l'ignorance d'une théorie rationnelle qu'à la nature même de cet échappement. Son principe ou du moins ce qui est donné pour tel, a été posé diversement et à des époques différentes, par des savants dont les décisions font encore autorité.

Julien Leroi et *Sully*, qui paraissent s'être le plus occupés du principe de cet échappement, disent qu'avant eux aucune théorie fixe n'avait été connue; ils donnent pour règle que trois choses principales doivent y avoir de justes proportions entre elles, savoir : 1° le degré d'engrenage des dents avec les palettes, 2° la figure de ces dents (sans doute l'inclination de la face des dents), et 3° l'ouverture de l'angle des palettes entre elles.

Ces habiles horlogers recommandent aux praticiens d'éviter de prendre des extrêmes, parce que, disent-ils, ils deviennent désavantageux; selon eux, l'ouverture qui se présente le plus naturellement à l'esprit est celle de 90 degrés, ouverture dont ils recommandent de ne pas s'écarter, en plus ou en moins, au delà de 4 à 5 degrés. Dans leur opinion, si l'angle des palettes était moins ouvert que l'angle droit, l'arc de vibration serait plus grand et plus sujet au battement et au renversement; si, au contraire, il était plus grand et plus ouvert, l'arc de vibration serait plus petit et tomberait dans une espèce de langueur.

Ces diverses règles sont, comme on le voit, très vagues et pour la plupart inexactes; il serait dès lors difficile de se former une idée vraie sur ces données.

Thiout, Lepaute, Berthoud, Jean Jadin, Janvier, etc., n'ont rien dit de nouveau sur la théorie de l'échappement : dont je m'occupe; ils ont adopté plus ou moins le prétendu principe donné par *Julien Leroi* et *Sully*. En résumé, les opinions émises jusqu'à ce jour par divers savants, sur le principe de cet échappement, se réduisent aux données suivantes :

1° Ouverture des palettes entre elles, de 90 à 100 degrés;

2° Longueur des palettes égale à $\frac{180}{302}$ distance supposée d'une dent à l'autre de la roue d'échappement, ou, ce qui est plus simple et plus clair $\frac{6}{10}$, de la distance d'une dent à l'autre; c'est-à-dire que, si l'écartement d'une dent à l'autre est de 10, la longueur des palettes devra, en général, être de 6;

3° Obliquité de la face de la dent de la roue par rapport à son axe, 25 à 30 degrés;

4° Engagement de la dent sur les palettes aux deux tiers de la longueur de celles-ci, etc., etc.

D'après Moinet, M. *Duchemin*, artiste distingué de nos jours, s'est également occupé de cet échappement; sa longue expérience lui a démontré que les données prescrites par les savants cités plus haut laissaient encore à désirer sur divers points : aussi cet habile horloger, quoique adoptant le principe de ces derniers, en a-t-il modifié toutes les parties, et est-il parvenu à donner à ses montres à roues de rencontre une marche tout aussi exacte qu'à celles à cylindre. Les dispositions qui lui ont donné les meilleurs résultats dans l'application à la montre et qui ont été, en définitive, adoptées par lui sont les suivantes :

1° Ouverture des palettes, de 100 à 115 degrés ;

2° Longueur ou rayon des palettes, égal à la moitié de l'intervalle d'une dent à l'autre ;

3° Inclinaison de la face des dents de la roue par rapport à son axe, 30 à 35 degrés ;

4° La levée totale 40 degrés, c'est-à-dire 20 degrés à droite et 20 degrés à gauche du point zéro de tension du ressort spiral.

Je ferai remarquer que la pénétration des dents sur les palettes est une conséquence forcée de l'ouverture de ces dernières et ne peut être modifiée à volonté.

M. *Duchemin*, à qui la perfection de cet échappement appliqué aux montres est due, se trouve en parfait accord avec la théorie que je vais démontrer ; cette circonstance prouvera à l'avance et l'exactitude de ce nouveau principe et la juste application qu'en a faite M. *Duchemin*.

Je ne saurais admettre, comme principe général, les diverses dispositions indiquées par les grands maîtres que j'ai cités plus haut : on remarquera, en effet, que, lorsqu'on a déterminé l'ouverture et la longueur des palettes, on a, comme conséquence forcée, la quantité de levée, qui est de 35 à 40 degrés, avec les dispositions adoptées, et qu'il serait impossible, avec cette quantité de levée, d'appliquer cet échappement aux pendules et aux grosses horloges, qui n'oscillent en tout que de 5 à 10 degrés au plus. On est donc forcé de modifier ces données suivant l'application, ou, selon moi, suivant l'arc d'oscillation qu'on veut faire décrire soit aux balanciers, soit aux pendules auxquels on applique l'échappement. Ne voit-on pas, en effet, que, dans beaucoup de pièces d'horlogerie, le prétendu principe en question a été abandonné ou modifié considérablement, notamment dans les pendules dites *marqueteries,* qui remontent à près de deux siècles, et dans les horloges dites *comtoises,* surtout dans ces dernières, où le pendule n'oscille pas au delà de 10 degrés de chaque côté.

Je ferai remarquer que, malgré la défaveur qu'on a cherché à jeter sur cet échappement et la légèreté du pendule généralement employé dans son application aux pièces citées en dernier lieu, l'exactitude de la marche d'un grand nombre de ces pièces est aussi satisfaisante qu'avec les échappements modernes tant vantés.

Dans son application aux grosses horloges les résultats sont loin d'être aussi satisfaisants. La plupart des anciens constructeurs l'ont exécuté suivant le principe donné par *Julien Leroi* et *Sully* ; aussi, pour faire osciller le pendule de 45 à 50 degrés, on a été obligé de rendre celui-ci très léger, et d'appliquer une force motrice considérable aux rouages du mouvement.

Ces amplitudes d'oscillation et l'action d'une grande force motrice engendrent évidemment des frottements considérables dans tout l'appareil; c'est ce qui explique les variations continuelles de ces machines, surtout lorsqu'elles sont réglées par des pendules légers.

La répugnance qu'éprouvent aujourd'hui la plupart des horlogers à adopter l'échappement à palettes dans diverses pièces d'horlogerie ne m'a pas empêché de chercher le vrai principe de cet échappement, car j'ai pensé qu'il ne serait pas sans intérêt pour l'art, ni sans utilité pour le progrès de l'horlogerie, de le tirer du vague où il se trouve et d'en faire connaître une théorie générale qui soit applicable à tous les besoins, même à tout autre chose qu'à l'horlogerie.

L'échappement à palettes est plus simple que tous ceux déjà cités; il a cela de particulier que la transmission du mouvement des dents de la roue à l'axe de l'échappement se communique directement par les palettes, qu'on doit considérer comme un simple levier poussé par les dents : en outre, l'action que la dent exerce contre la palette influe très peu sur le frottement des pivots. Ces diverses dispositions, lorque l'exécution répond aux principes développés plus loin, permettent de produire le mouvement avec moins de frottement que celles où la transmission a lieu par l'intermédiaire d'un plan incliné, comme dans les échappements de *Graham*, à ancre, à chevilles, à cylindre, etc.

L'opinion généralement admise à l'égard de cet échappement est qu'il ne souffre pas un pendule aussi lourd à faire mouvoir que les autres échappements; c'est une idée fausse, qui provient, sans nul doute, de la mauvaise application de cet échappement aux grosses horloges, où les oscillations sont quatre à cinq fois plus considérables qu'elles ne devraient être.

Je suis convaincu, au contraire, que cet échappement, exécuté d'après la vraie théorie, entretiendrait un même arc d'oscillation, pour un pendule lourd, avec moins de force motrice que les autres échappements cités, attendu que, les frottements y étant plus réduits, l'exactitude dans la marche serait d'autant plus grande.

Le principal but, dans la détermination des principes que je vais poser, est, comme dans les précédents, de produire le plus d'effet avec le moins de frottement possible : cette idée a constamment présidé à toutes les recherches auxquelles je me suis livré sur les échappements.

Avant de déterminer la longueur et l'ouverture des palettes pour un angle d'oscillation donné, je ferai remarquer que, pour réduire les frottements à leur minimum, il faut que l'action de la dent sur la palette, durant l'arc d'oscillation complet et surtout pendant l'arc complémentaire, se fasse le plus près possible de la ligne qui passe par le centre de l'axe de l'échappement et celui de la roue; de même que la décomposition de force , durant l'arc d'impulsion dans le même parcours , se trouvera d'autant plus réduite que l'effet se fera près de cette ligne des centres : cette propriété est facile à démontrer, comme nous allons le faire sur la fig. 24.

Supposons que la dent de la roue ait à faire parcourir aux palettes un angle *m e g*, et que la dent, pendant son engagement avec la palette, suive une ligne droite et perpendiculaire à l'axe de la roue, la petite déviation qu'elle décrit dans son mouvement, pendant l'intervalle d'une levée pouvant être négligée sans que cela entraîne aucune erreur. Cette supposition étant admise, il est évident que, si la dent attaque la palette en un point *m*, elle la conduira jusqu'au point *j* avant de la laisser échapper, et que, dans ce trajet, la pointe de la dent aura parcouru sur la face de la palette une longueur *x n*. Si cette même palette n'était attaquée par la dent qu'au point *g*, pour décrire le même angle, elle la conduirait jusqu'au point *h* avant de la laisser échapper ; pendant ce deuxième trajet, la pointe de la dent aura parcouru, sur la face de la même palette, une longueur *n z* ; et, enfin, si la palette était attaquée au point *y*, pour produire le même angle, elle serait conduite jusqu'en *p* ; pendant ce troisième trajet, la pointe de la dent aurait parcouru contre la face de la palette une longueur *n y*. Il est donc facile de s'apercevoir que plus on s'éloigne de la ligne des centres *e e*, plus les frottements, pendant un même angle d'oscillation seront considérables ; pour les éviter, il faut donc que, pendant l'arc d'oscillation complet, la palette en prise se balance, à droite et à gauche, le plus près possible de la ligne des centres. Cette disposition forme la base principale de mon principe sous le rapport du frottement ; de même que, pour conserver une marche uniforme, ces palettes ne doivent éprouver ni battement ni renversement dans leur marche.

Voyons maintenant comment on détermine la longueur et l'ouverture des palettes pour qu'elles aient les deux propriétés énoncées.

La longueur et l'ouverture des palettes doivent varier en raison de l'angle d'oscillation qu'on veut faire décrire au balancier ou au pendule, et non pas en raison du diamètre de la roue, comme on l'a cru jusqu'à présent : toutefois l'écartement des dents reste toujours une des bases de ce principe.

Pour tracer un échappement à palettes quelconque, il faut d'abord déterminer le diamètre et le nombre des dents de la roue (ce nombre, pour cet échappement, doit toujours être impair); une fois que l'écartement d'une dent à l'autre est connu, on commence par tracer une droite *e e*, fig. 25, représentant l'axe de la roue prolongée en contre-haut; puis, de chaque côté, une autre droite *a' b'* et *a'' b''*, parallèle à cette première *e e*, et toutes deux à une distance de celle-ci égale à la moitié de l'intervalle d'une dent à l'autre ; la distance entre ces deux lignes *a' b'* et *a" b'* devra donc être égale à l'intervalle d'une dent à l'autre de la roue.

J'ai déjà dit que l'ouverture des palettes devait être en raison de l'angle d'oscillation du pendule auquel on applique l'échappement ; j'ajouterai que pour qu'il marche avec le moins de frottement possible et conserve toute la sûreté nécessaire contre les renversements, il faut que l'angle que forment entre elles les deux palettes soit toujours égal à l'angle d'oscillation, c'est-à-dire à l'arc de levée, plus l'arc additionnel.

Pour laisser au pendule toute sa liberté, surtout pendant la durée de l'arc additionnel, il faut que le frottement résultant du contact de la dent sur la palette soit le plus réduit possible ; pour cela il suffit que, pendant le parcours de cet arc, la palette en prise oscille autant d'un côté que de l'autre de la ligne des centres *e e*, comme je l'ai dit plus haut. Cette démonstration va servir pour la formation de cet échappement.

Supposons qu'il s'agisse d'établir l'échappement pour une horloge, donnant 8 degrés de levée et 6 d'arc additionnel, l'arc total sera donc de 14 degrés depuis le commencement d'une des levées jusqu'à la limite de l'arc additionnel qui suit cette même levée. Du centre *a*, axe supposé de l'échappement, établissons l'angle additionnel *s a t* de 6 degrés, en portant moitié de cet angle à droite et moitié à gauche de la droite *ee* ; puis, sur un des côtés de ce premier angle, ajoutons l'angle de levée *t a q* égal à 8 degrés ; l'angle total *s a q* sera donc de 14 degrés : cette ouverture sera celle que les palettes auront entre elles, comme le représente la fig. 25 ; elles sont dans la position où l'une des dents quitte la palette *q*, au moment où une autre dent *d* retombe sur la palette *s* ; les lignes *a s*, *a q* formeront dès lors la face intérieure des deux palettes. Pour trouver et déterminer leur longueur, voici ce qu'il faut faire. Cette opération, entièrement graphique, est à la portée de tout horloger ; l'emploi du calcul serait ici trop compliqué et beaucoup moins clair que cette simple méthode.

Cette opération consiste à mener une perpendiculaire *o' o'* à la ligne *e e*, au point *a*, par exemple, ou à tout autre point, et à l'aide d'une équerre qu'on fait glisser, parallèlement à la ligne *o' o'*, le long d'une règle, en descendant jusqu'à ce que l'on trouve la distance *q b'''* égale à celle *e' s* ; la ligne *c c*, menée par ces points, représentera le sommet des dents de la roue.

J'ai dit que les palettes étaient représentées dans leur position respective au moment où la palette *q* était abandonnée par une des dents, et où la palette *s* recevait une autre dent de la roue ; par conséquent, pour que la dent *b* puisse échapper de dessous la palette *q*, celle-ci ne devra pas dépasser la pointe de cette dent, qui est, par conséquent la limite de sa longueur ; pour déterminer celle de l'autre palette, il suffit de décrire du point *a*, centre de rotation de l'échappement, l'arc de cercle *q q' o*, les deux palettes devant être de même longueur.

En formant les dents de la roue, avec leur intervalle entre elles, déterminé à l'avance, on se convaincra que les chutes seront égales de part et d'autre, et que, pendant l'arc additionnel, la palette en prise éprouvera le moins de frottement possible dans sa marche, puisqu'elle oscille le plus près possible de la ligne des centres, et à la même distance de chaque côté. On remarquera, en effet, que, au moment où la dent *d* attaque la palette *s*, celle-ci, pendant la continuation de son arc additionnel, entraînera cette dent en arrière jusqu'au point *t*, et que, pendant l'aller et le retour, le frottement de la pointe de la dent sur la face de la palette ne sera que de la petite quantité *e s*; la palette sera repoussée par cette dent jusqu'au point *o*, où elle échappera; à ce moment, une autre dent attaquera la palette *q*, au point *t*, pour opérer le même mouvement en sens contraire.

Toutes les roues d'échappement à palettes doivent porter un nombre de dents impair; par conséquent, lorsque la pointe de celle de derrière *d* se trouve vis-à-vis la ligne des centres *e e,* les pointes des deux dents de devant qui lui sont opposées se trouveront vis-à-vis des deux lignes *a' b'* et *a" b"*; et, comme leur marche est identiquement la même, il s'ensuit que, lorsque celle de derrière aura avancé de la quantité *c' s*, celles de devant auront avancé, dans le sens contraire, de la même quantité : c'est ce qui résulte de la méthode indiquée plus haut pour trouver la longueur des palettes.

On sera sans doute frappé de la différence que cette théorie donne pour la longueur et l'ouverture des palettes, comparativement à la méthode suivie jusqu'à ce jour; mais on ne sera pas moins étonné d'apprendre que, avec la méthode indiquée par *Julien Leroi* et *Sully*, etc., il n'est pas possible d'exécuter cet échappement avec aussi peu de levée. En suivant la méthode des auteurs cités, il n'est praticable que lorsque l'acte d'oscillation est au delà de 60 degrés et ne marche qu'avec des frottements considérables.

Nous allons tracer un échappement d'après cette nouvelle théorie, et un autre d'après la méthode de *Julien Leroi;* on verra lequel des deux doit être considéré comme principe et comme devant donner le meilleur résultat. Pour que la comparaison soit plus frappante, j'ai donné à l'un et à l'autre le même angle d'oscillation et le même intervalle entre les dents.

Je suppose que, de part et d'autre, l'angle de levée est égal à 24 degrés, et l'angle supplémentaire égal à 18; mais ici je dois faire remarquer que l'angle supplémentaire, s'ajoutant de chaque côté de la levée, se répétera deux fois dans l'arc total d'oscillation; par ce fait, les arcs de levée et supplémentaires que je prends ici pour exemple produiront un arc total de 60 degrés.

La figure 26 représente cet échappement d'après ma nouvelle théorie. Comme dans le précédent, on commence par tracer une droite *e e*, deux autres parallèles *a' b'* et *a" b"* représentant l'intervalle d'une dent à l'autre de la roue, et à égale distance de la ligne *e e*; sur le point *a*, centre d'oscillation de l'échappement, on détermine l'angle additionnel *s a t*, de 18 degrés, moitié à droite et moitié à gauche de la ligne *e e*; sur un des côtés de cet angle, on ajoute l'angle de levée *t a q*, de 24 degrés, et, à l'aide d'une règle et d'une équerre que l'on fait glisser le long et parallèlement à la ligne *o' o'* (ou perpendiculairement à la ligne *e e*), on détermine la hauteur du sommet des dents de la roue, représentée par la ligne *c c*, et, par conséquent, la longueur des palettes. Je rappelle que cette ligne *c c* doit être à une hauteur telle, que *s e'* soient égales à *b'" q*, car il n'y a qu'un point sur la hauteur où cette égalité puisse avoir lieu.

La figure 27 représente ce même échappement donnant des angles de levée et additionnels semblables à ceux de la fig. 26, mais dont l'ouverture des palettes est fixée à 95 degrés. Pour établir des chutes égales avec cet angle d'oscillation, on est forcé de modifier la longueur de ces mêmes palettes, qui ne peuvent, dans cette application, être moindres que ne le porte cette figure : ainsi l'angle de levée est représenté par *q a t*, et l'angle additionnel par *t a s*. Dans cette disposition, l'échappement peut s'exécuter avec des chutes égales de part et d'autre; mais on remarquera que, pour produire les mêmes angles d'oscillation qu'avec l'échappement fig. 26, les frottements des dents de la roue sur la face des palettes seront beaucoup plus considérables; ainsi, par comparaison, pendant l'arc de levée de l'échappement fig. 26, le frottement qui résulte du contact de ces deux parties est représenté par *s r*, tandis que, dans celui de la fig. 27, ce même frottement est de *r t*. Pendant l'arc additionnel, le frottement produit sur l'échappement fig. 26 n'est que de la petite quantité *v e'*, tandis que, à celui fig. 27, ce même frottement est de *v s'*; et enfin le frottement pendant l'arc total est, pour la fig. 26, de *r' e'*, et, pour la fig. 27, de *s' s'*. Nous avons déja vu que les variations de marche résultant des frottements sont en raison de l'étendue de ceux-ci; par conséquent, l'échappement construit d'après ma nouvelle théorie, ne donnant, dans l'application ci-dessus, qu'un cinquième environ du frottement de celui fig. 27 (construit d'après la méthode suivie jusqu'à ce jour), doit nécessairement produire un résultat cinq fois plus exact que ce dernier : ajoutez à cela une plus grande décomposition de force, décomposition qui, je pense, sera comprise ici sans que je sois obligé d'en faire une nouvelle démonstration. On aura encore une augmentation de frottement produite, tant sur les pointes des dents que sur les pivots de l'axe de la roue, par l'action oblique des palettes sur les dents, pendant le recul de chaque dent de *t* en *s* ou pendant l'arc supplémentaire. Il est donc démontré que plus on donnera d'ouverture aux palettes au delà de ce qu'il faut pour empêcher le renversement, plus on introduira de frottement et, par conséquent, plus il y aura de perturbation dans la marche des pièces.

La figure 28 représente l'application aux montres de ce même principe; ici nous supposons l'arc de levée égal à 50 et l'arc supplémentaire égal à 60, ce qui forme un angle de 110, qu'on devra, dans ce cas, donner aux palettes entre elles. La longueur des palettes se détermine de la même manière que dans les deux cas déjà décrits; par conséquent, les démonstrations précédentes s'appliquent également à cette dernière figure; les mêmes conditions sont représentées par les mêmes lettres.

On remarquera que, pour avoir l'angle total d'oscillation que doit décrire le balancier auquel s'applique cet échappement, il faut ajouter le deuxième arc supplémentaire qui se répète de l'autre côté de la levée. Cet arc, qui, dans cette application, est de 60 degrés, joint à celui de 110, donnera un arc total de 170, qui est celui qu'on obtient ordinairement dans les montres passables. Dans les pièces bien disposées et bien exécutées, dont les mouvements sont très libres, et avec une force motrice suffisante, cet arc total peut être augmenté de 10 à 15 degrés, sans crainte de renversement; seulement, dans ce cas, il faudrait donner une plus grande obliquité aux faces des dents de la roue, pour empêcher le cottement des bouts des palettes contre les faces des dents. En général, cette obliquité doit varier en raison de l'étendue des arcs, l'inclinaison des faces devant être de quelques degrés plus couchée que la moitié de l'arc additionnel.

Je ferai remarquer que l'étendue des frottements du bout des dents sur la face des palettes augmente en raison de l'étendue des arcs décrits, circonstance qui est sans remède dans cette application et qui rentre dans les lois générales de la mécanique. Cette indication démontre que cet échappement recevrait une application d'autant plus avantageuse que les oscillations seraient plus petites (1).

---

(1) Cette partie de mon mémoire a été assez vertement critiquée par le rédacteur en chef de la *Revue chronométrique*, M. Claudius Saunier. Dans son traité des échappements et des engrenages, publié en 1855, cet auteur, après avoir reproduit mes conclusions sur les échappements à palettes, ajoute, chapitre 83 : « Il est difficile de comprendre « après ces quelques citations, pourquoi l'auteur, auquel nous les empruntons, a donné « la préférence aux proportions adoptées par Duchemin; il est évident que l'habile artiste « s'est préoccupé, dans son travail, de divers faits observés dans les pendules et surtout « dans les horloges où l'échappement à palette est muni d'un pendule; ainsi, par exemple, « il ne tient pas suffisamment compte du recul qui, tout à fait insignifiant dans un « échappement d'horloge où l'oscillation totale est de peu d'étendue, devient une cause

Dans la démonstration que je viens de faire, je n'ai pas tenu compte de la petite chute nécessaire pour assurer les fonctions de cet échappement : elle s'obtient aux dépens de la longueur des palettes, qu'il faut raccourcir légèrement, afin que la dent soit abandonnée avant qu'une autre, placée vis-à-vis, soit en prise avec l'autre palette; par ce fait, en pratique, l'arc de levée sera un peu moindre que n'indique le tracé.

CINQUIÈME PARTIE

De l'échappement dit de Dupleix *et de l'échappement à virgule.*

L'échappement dit **Dupleix**, dans l'opinion d'un grand nombre d'horlogers, tiendrait le milieu entre les échappements ordinaires et les échappements libres; sa combinaison est tirée, partie de l'échappement à cylindre et partie de celui à palettes.

Les idées qui paraissent avoir présidé à son invention sont les suivantes :

« d'usure et de perturbation excessivement grave dans les montres où l'amplitude des « arcs décrits est de sept à neuf fois plus considérable. »

« Nous bornons notre analyse à cette simple remarque, on comprendra notre réserve vis-à-vis d'un artiste vivant. »

Je remercie beaucoup mon collègue de sa réserve, et je profiterai de ce que je suis encore au nombre des vivants pour lui dire qu'il fait erreur et que je n'ai nullement entendu renfermer mes observations sur l'échappement à palette dans ses applications aux montres seulement, comme il paraît le croire, mais que j'ai entendu les généraliser depuis la plus grosse horloge jusqu'à la plus petite montre, c'est-à-dire depuis des oscillations qui ont 1 ou 2 degrés d'amplitude jusqu'à celle de 180 degrés; enfin, j'ai dit et je repète, que l'emploi de cet échappement sera d'autant plus avantageux que les oscillations seront plus petites.

Dans le 82ᵉ chapitre de son ouvrage, M. Claudius Saunier dit encore, en parlant de mon mémoire : « L'auteur pose en principe et démontre géométriquement que l'angle « d'ouverture des palettes doit être en raison de l'angle d'oscillation du balancier; ce « principe (ajoute M. Saunier) n'était pas tout à fait inconnu à ses prédécesseurs, puisque « Berthoud, en proposant 95 degrés pour l'ouverture de la verge, ajoute : *et même 100 de-* ˙*grés si l'on veut favoriser l'étendue des vibrations.* »

Il y a dans cette appréciation une injustice que je ne puis laisser sans réponse, et mon critique lui-même a répondu d'avance, car à la page précédente il dit : « *Berthoud* « *ne pose nulle part le principe de l'échappement à roue de rencontre;* » il ne peut donc avoir établi ce principe et ne pas l'avoir établi; il faudrait au moins être conséquent avec soi-même. Pour ne pas donner à cette discussion plus d'importance qu'elle n'en a vraiment, je dirai comme M. Saunier : « On doit comprendre ma réserve vis-à-vis d'un artiste vivant, » mais les lecteurs apprécieront.

1° Laisser au balancier, pendant les arcs supplémentaires, la plus grande liberté possible dans son mouvement, en rapprochant les frottements, pendant cet arc, le plus près possible de l'axe de rotation du balancier, et en tenant le rayon de la roue qui forme le repos sur le cylindre, le plus grand possible ;

2° Transmettre au balancier une forte impulsion pendant le parcours de l'arc de levée, en faisant attaquer par les dents ou chevilles de la roue un long levier fixé à l'axe de l'échappement. Ces idées, qui de prime abord paraissent fondées et justes, ont été adoptées comme telles par la plupart des horlogers ; aussi cet échappement, dans son origine, a-t-il eu beaucoup de vogue et d'application, surtout dans les pièces de précision ; de nos jours encore, un certain nombre d'horlogers le préfèrent à celui à cylindre, quoique les résultats d'exactitude qu'ils se proposent d'obtenir soient contestés par un grand nombre d'observateurs.

Il en est de cet échappement comme de beaucoup d'autres ; on s'est exagéré le mérite de son invention, sans s'être rendu compte de ses effets ni des défectuosités inhérentes à sa composition. Eu égard au résultat qu'on s'était proposé et qu'on croyait obtenir, il peut être considéré comme une déception. Certes, l'idée d'opérer le repos ou le contact de la roue avec l'échappement pendant les arcs supplémentaires, par l'extrémité des dents de la roue sur un petit cylindre, est on ne peut plus juste et plus rationnelle, et rentre dans les conditions générales que nous avons déjà démontrées ; mais, dans cette combinaison, on a négligé de placer, pendant le repos, le contact de la dent avec le cylindre tangentiellement à celui-ci ; il en résulte que la pression que les pointes des dents exercent sur la surface du cylindre est plus considérable, en ce qu'elles agissent sur un plan incliné ; par ce fait, on engendre, sur les pivots de l'axe de la roue et sur ceux du cylindre, des pressions, et, par conséquent, des frottements plus considérables que si cette action s'exerçait sur le point tangent. Dans cet échappement, cette augmentation de frottement peut être évaluée au moins au double de ce qu'il serait si le tout était combiné selon les règles de la mécanique.

Ce manque de principe détruit donc la perfection qu'on s'était proposé d'introduire, et amène une destruction plus prompte de tout l'appareil, comme l'expérience l'a démontré.

Dans l'article des tangentes, nous avons fait connaître les conséquences de ce fait, et nous avons vu la progression de ces frottements, lorsque l'action a lieu plus ou moins loin du point tangent.

La seconde idée, celle de croire qu'on gagne de la force *pour l'impulsion*, en faisant agir les dents ou chevilles de la roue sur un long levier, ou en réduisant le diamètre de cette roue, est entièrement fausse dans son principe même, comme nous allons le démontrer. Cette erreur

8

est généralement partagée, en horlogerie, sur beaucoup d'autres questions de ce genre.

Pour construire cet échappement, il faut d'abord déterminer son arc de levée, le diamètre et le nombre des dents de la roue, ainsi que la longueur des bras qui reçoivent l'impulsion, longueur qui se trouve naturellement déterminée par l'écartement des dents ou chevilles de la roue.

Nous savons que, pour la rentrée de ce bras entre les chevilles et pour assurer les fonctions de cet échappement, il faut que l'écartement des dents ou chevilles d'impulsion soit plus grand que le parcours du bout du bras qui reçoit l'impulsion pendant l'arc de la grande levée. Pour la démonstration, négligeons la différence qu'il peut y avoir, ainsi que le petit choc indispensable qui en résulte, et supposons la distance d'une dent à l'autre égale au parcours du bout du bras pendant la grande levée, supposition qui est en faveur de l'échappement.

Selon la combinaison de cet échappement et d'après l'opinion d'un certain nombre d'horlogers, pour augmenter la force de l'impulsion, il suffirait simplement d'augmenter la longueur du bras qui la reçoit, ou bien, ce qui est la même chose, de réduire le diamètre de la roue qui la transmet. Si cette opinion était fondée, il ne serait pas difficile de produire des machines qui donneraient de la force ou de créer le mouvement perpétuel, illusion qui est contre tout principe mécanique. Nous allons prouver que cette prétention n'est nullement fondée.

Par exemple, en doublant la longueur du bras qui reçoit l'impulsion, on aura doublé, par ce fait, le parcours de son extrémité pendant le même arc de levée : pour que ce nouveau bras puisse passer entre les chevilles, il faudra nécessairement doubler l'écartement de celles-ci entre elles, soit en portant la roue au double de sa dimension primitive, soit en réduisant le nombre des dents ou chevilles à la moitié. Dans le premier changement, la dent ou cheville d'impulsion, étant sur un rayon double, n'imprimera qu'une action moitié moindre que dans la première supposition; dans le second cas, où on avait retranché la moitié des dents, le rouage, modéré par l'échappement, déroulera une fois plus vite. Pour rétablir le premier mouvement, il faudra donc changer le rapport de vitesse de quelques engrenages, afin d'en ralentir la marche de moitié. Ainsi la roue d'échappement ne recevra plus que la moitié de l'action qu'elle recevait avant ce changement, et n'imprimera plus que la moitié du premier effort sur le levier. On voit donc que dans l'un et l'autre cas on perdra sur la roue ce qu'on aura gagné sur le levier. Cette simple démonstration suffira, je pense, pour convaincre que, n'importe quelle combinaison de levier et de roue on adoptera, la force d'impulsion restera la même (sauf les différences de frottement), du moment où la force motrice ne sera pas changée. J'ajouterai qu'on peut réduire la longueur du bras qui reçoit l'impulsion à être égale au rayon du cylindre de repos, sans que pour cela, la puissance de l'impulsion soit changée; par conséquent, la même dent qui forme le repos sur le cylindre peut imprimer directement l'action à celui-ci dans l'encoche même servant de passage à cette dent, comme cela a lieu pour une partie de l'arc parcouru dans cet échappement et dans quelques autres du même genre. Toutefois, en conservant le même angle de levée, c'est-à-dire la somme de la grande et de la petite levée, on comprendra que, pour pouvoir réduire un échappement à ce point, le diamètre de la roue devra être réduit dans la même proportion que la longueur du bras; ainsi, bien que l'étendue des surfaces frottantes se trouve réduite, les pressions que les dents exercent sur le cylindre seront d'autant plus fortes que la roue sera diminuée de diamètre, puisque ces pressions augmentent dans la proportion inverse du diamètre de la roue. Cette disposition ne serait pas admissible dans un grand nombre d'applications, surtout dans celles où elle tendrait à augmenter les frottements pendant les arcs supplémentaires, durant lesquels le balancier a besoin de conserver toute la liberté possible.

D'après ce que je viens de démontrer, l'échappement *Dupleix* me semble ne posséder aucun avantage sur l'échappement à cylindre : l'emploi de mauvaise huile a peut-être moins d'influence sur la marche pendant les arcs supplémentaires, en ce que les parcours sont plus réduits, mais l'usure y est infailliblement plus prompte.

Malgré cette opinion défavorable, je crois utile d'entrer dans quelques détails géométriques, afin de faciliter la construction de cet échappement aux horlogers peu au courant de son exécution.

Suivant les opinions recueillies, même chez quelques horlogers modernes, voici les proportions indiquées pour la construction de cet échappement.

Pour une roue de 12 dents, le rapport entre le diamètre de la grande roue, dite *de repos*, et la petite, dite *d'impulsion*, devra être de 3 à 2; suivant d'autres, de 4 à 3. — Le rapport entre le rayon de la roue d'impulsion et le rayon du grand doigt, de 4 à 3; suivant d'autres, de 5 à 3. — Diamètre du rouleau de repos, 1/3 de l'intervalle d'une dent à l'autre de la grande roue (correspondant à environ 1/12 du diamètre de cette roue); suivant d'autres, ce diamètre devra être 1/16 du diamètre de la roue. — Petite levée (ou durée de l'action sur le balancier pendant le passage de la dent dans l'encoche du rouleau) égale à 20 degrés au moins et 30 degrés au plus. — Chute de la dent d'impulsion sur le grand doigt, égale à 10 degrés; suivant d'autres, à 4 ou 5 degrés. — Grande levée (ou arc décrit pendant le contact de la dent d'impulsion sur le grand doigt) égale à 30 degrés. — La pénétration de la dent dans le cylindre, 1 1/2 du diamètre de celui-ci. — Ouverture de l'encoche du cylindre, 30 degrés, plus l'arrondi des lèvres estimé à 10 degrés, ce qui donnerait à l'entrée de l'encoche une ouverture totale de 40 degrés. — Le point zéro de la tension du ressort spiral, au milieu de la petite levée.

On peut voir, pour de plus amples détails, les divers ouvrages sur l'horlogerie, notamment celui de *M. Moinet*, publié de nos jours, et qui contient un résumé de la plupart des autres; il donne, en outre, sur cet échappement l'opinion de quelques horlogers modernes.

Ces données suffisent, je pense, pour faire apercevoir combien les proportions indiquées sont vagues, arbitraires et même impossibles à exécuter. Ainsi, par exemple, on indique de 20 à 30 degrés pour la petite levée, celle qui se fait dans l'encoche du cylindre, et une ouverture de 30 à 40 degrés pour cette encoche. Dans ce cas, il est évident que, dans le cours de l'oscillation, la dent passerait sans même toucher les bords de l'encoche, et, par conséquent, n'imprimerait aucune impulsion. Il en est de même de la plupart des autres dimensions; elles ne peuvent être prises arbitrairement, attendu qu'elles sont la conséquence d'autres mesures : ainsi, par exemple, la pénétration des dents de la grande roue dans l'encoche du cylindre est une conséquence forcée de l'arc de la petite levée.

Le diamètre et le nombre des dents ou chevilles de la petite roue d'impulsion sont une conséquence forcée de l'arc de la grande levée; de même que la longueur du grand bras d'impulsion est une conséquence nécessaire du rapport du diamètre des deux roues, et même du nombre de dents ou chevilles adopté, et *vice versa*. Ainsi, par exemple, si avec un nombre de dents déterminé, on réduit le diamètre de la roue d'impulsion pour augmenter dans le même rapport la longueur du doigt, on produira une impulsion d'autant plus forte que la roue sera réduite ; mais cette force d'impulsion sera, dans ce cas, acquise aux dépens de l'angle de levée, c'est-à-dire que, si l'impulsion est doublée, l'arc de levée sera forcément réduit de moitié. On aura donc, comme dans les autres échappements, perdu en parcours ce qu'on aura gagné en force, ce qui donne exactement le même résultat.

Les divers artistes qui se sont occupés de la construction de cet échappement et qui ont transmis les données indiquées plus haut prescrivent un arc de 20 à 30 degrés au plus pour la petite levée. Je ferai remarquer, à cet égard que l'arc même de 30 degrés n'est pas suffisant pour assurer d'une manière durable les fonctions de cette partie de l'échappement. La fig. 29, représente le petit cylindre et le rayon de la grande roue en contact avec ce premier, engagé de manière à lui faire parcourir un angle de 30 degrés pendant le passage de la dent dans l'encoche du cylindre; l'inspection de cette figure, dessinée sur une grande échelle, suffira, je pense, pour faire apercevoir l'insuffisance de l'engagement. On remarquera, en effet, que la moindre usure sur la surface des dents ou dans les trous des pivots, jointe à l'affaissement de la matière, permettra bientôt à la dent de passer devant le cylindre sans y être arrêtée. J'ajouterai que, dans cette position, la pression qui s'exerce sur le bout des dents et contre les pivots est environ quatre fois plus considérable que si le contact se faisait à la tangente. Par toutes ces considérations, je crois qu'il ne faudrait pas donner moins de 50 degrés à l'arc de la petite levée pour mettre cet échappement dans des conditions passables et durables. La fig. 30 représente la position de la dent sur le cylindre avec cet arc de levée; on remarque que l'engagement n'y est que suffisant pour la sûreté, et que, malgré l'augmentation de 20 degrés sur cet angle, la pression sur le bout des dents et des pivots est encore environ une fois et demie plus considérable que si le contact pouvait se faire à la tangente.

La fig. 31 représente l'ensemble de cet échappement avec les diverses positions qu'il prend dans la marche. J'ai adapté des chevilles au lieu de dents à la petite roue d'impulsion, comme étant plus légères et surtout d'une exécution plus facile.

Pour une roue de douze dents, j'ai adopté les rapports suivants : — rapport du diamètre des deux roues, de 3 à 2. — Grande levée égale à 30 degrés. — Petite levée égale à 50 degrés, indiquée plus haut. — Le diamètre du cylindre, 2/7 de l'intervalle d'une dent à l'autre de la roue.— Chute des chevilles d'impulsion sur le grand bras, égale à 6 degrés.

La longueur du grand bras est une conséquence forcée de la grande levée, du rapport de diamètre des deux roues et du nombre de dents adopté pour ces roues. Dans les conditions indiquées, le rayon de ce bras est environ de 5/8 du rayon de la petite roue. La longueur de ce bras, ainsi que de la grande levée, varie selon les dimensions de la petite roue et le nombre de dents adopté; pour la déterminer d'une manière exacte, il convient d'en faire un tracé en grand, comme le représente la fig. 26. A représente la position de l'échappement au moment où commence la petite levée; B, la position où cette levée est à moitié effectuée; C, la fin de la petite levée, et le moment où la roue va se trouver abandonnée et où la cheville *e* va tomber sur le grand bras qui reçoit la grande impulsion, et où commence la grande levée; D, position où la grande levée est effectuée et où la dent *f* vient de se mettre en contact avec le cylindre, contact qui a lieu pendant tout l'arc supplémentaire et le retour.

Les extrémités des dents devront porter une petite surface inclinée, s'emboîtant sur la circonférence du cylindre, afin que l'usure soit moins prompte.

L'encoche pratiquée dans le cylindre ne devra être que de la largeur strictement nécessaire pour le passage libre des dents, afin de détruire, autant que possible, le petit soubresaut inévitable qui a lieu au moment du passage de l'encoche devant la pointe de la dent, dans le retour de l'oscillation.

Le point zéro du ressort spiral doit correspondre entre la grande et la petite levée, afin qu'il ne puisse pas s'arrêter au doigt.

Cet échappement a cela de particulier sur ceux que nous avons déjà examinés, qu'il ne laisse échapper une dent que toutes les deux oscillations, c'est-à-dire pendant l'aller et le retour, et qu'il permet des arcs supplémentaires jusqu'à 260 degrés au moins de chaque côté, ce qui, avec ceux de levée formant 80 degrés, fera un arc total de 600 degrés au moins pour l'aller et le retour du balancier, ce qui peut avoir des avantages pour de certaines applications.

L'échappement à double et à simple virgule paraît dériver du même principe que celui de *Dupleix*, avec cette différence que les repos se font tangentiellement aux parties des cercles qui les déterminent; par conséquent, ces échappements éprouvent, pendant les arcs supplémentaires, moins de frottement que l'échappement *Dupleix*. Leurs effets sont semblables à l'échappement à cylindre; la différence qui existe entre eux et ce dernier, c'est que l'impulsion (ou levée), que la roue d'échappement communique au balancier, au lieu de se produire par un plan ordinaire, se transmet contre un fuyant ou une courbe très allongée. Cette disposition produit des pressions d'autant moins fortes que cette courbe est plus longue; il reste à savoir si cette modification de forme peut être considérée comme une amélioration : l'expérience seule peut démontrer la supériorité de l'un ou de l'autre effet, savoir s'il est préférable qu'une pression 2 parcoure un espace 1, ou une pression 1 un espace 2. Je ne sache pas que cette question ait été minutieusement étudiée dans l'application aux montres, ou sous des frottements analogues à ceux qui s'exercent dans les échappements de ces dernières.

Si l'on doit s'en rapporter à d'autres effets mécaniques analogues à ceux des échappements, la préférence devra être accordée au parcours réduit, d'autant plus que les huiles s'y maintiennent plus sûrement, avantage qui est considérable dans la petite horlogerie surtout; ainsi, par exemple, dans un rouage quelconque, où la vitesse ou parcours des axes et des rouages sont différents, les conséquences des frottements et l'usure se manifesteront beaucoup plus promptement sur les frottements à grand parcours que sur ceux qui en ont moins, quoique les pressions soient d'autant plus réduites que le parcours est augmenté. Tous les praticiens savent parfaitement que les pivots et engrenages des derniers mobiles d'un mouvement d'horlogerie quelconque se détruisent plus promptement que ceux des premiers; le même phénomène doit se produire aussi bien sur l'échappement que sur les pivots et engrenages des rouages. En résumé, d'après ces diverses considérations, ces deux derniers échappements, celui de *Dupleix* et celui à virgule, ne me paraissent présenter aucun avantage sur les échappements à ancre et à cylindre développés plus haut, et dont les rayons qui reçoivent l'impulsion sont égaux à ceux où s'opère le repos, surtout sous le rapport de l'impulsion qu'on avait en vue d'augmenter dans cette combinaison.

En effet, si l'on admettait que le grand bras produisît une impulsion plus forte, il faudrait, par la même raison, supposer que le petit bras ou petit levier produirait une impulsion proportionnellement plus faible. Sous ce point de vue, il n'y aurait donc aucun avantage, puisque la somme inégale des deux bras ne produirait qu'une impulsion égale à celle produite par deux bras de longueur moyenne et égaux. Dans ce dernier cas, si l'on fait porter aux dents la presque totalité des fuyants, l'échappement prendra exactement la forme et les propriétés de l'échappement à cylindre dont la marche est aussi satisfaisante.

Le soi-disant principe de cet échappement n'est décrit que dans un petit nombre d'ouvrages; voici les proportions qu'on lui a données :

La longueur de la virgule, y compris son repos extérieur, est égale à l'intervalle entre deux dents (moins le petit jeu nécessaire) ; — la petite levée égale à 10 degrés ; — la grande levée égale à 30 degrés ; — la partie extérieure des dents demi-cylindriques passant par le centre de l'axe ; — la courbe des leviers se trace avec un rayon de la roue, dont on cherche le centre, etc., etc.

On remarquera qu'une partie de ces données sont, comme dans les autres échappements, vagues, insuffisantes, et la dernière même impraticable : je crois donc utile d'en mieux préciser les conditions, et c'est dans ce but que je le produis ici sous des formes géométriques.

La fig. 32 représente quelques dents de cet échappement avec la virgule dans ses deux positions essentielles : en E, la virgule est dans la position où elle vient de recevoir l'impulsion sur le grand bras par la dent *g*, et où la dent suivante *h* est en contact avec la naissance du repos extérieur, contact qu'elle conserve pendant la continuation et le retour de l'arc supplémentaire ; en F, la virgule est dans la position ou elle vient de recevoir l'impulsion sur le petit bras ou petite levée par la dent J, et où cette dent est en contact avec la naissance du repos intérieur, avec lequel elle reste pendant l'arc supplémentaire de ce côté et pendant son retour.

Voici les proportions que j'ai données à cette construction : — arc de la grande levée égal à 30 degrés ; — plan incliné de la petite levée égal à 10 degrés du parcours du balancier ; — plan incliné de l'extérieur des dents égal à 20 degrés du parcours du balancier, afin de détruire, autant que possible, les chutes des deux côtés, ce qui donne un arc total de 30 degrés pour la petite levée ; — diamètre extérieur du cylindre de repos, 1/3 de l'intervalle d'une dent à l'autre de la roue ; — diamètre intérieur, la moitié de celui extérieur ; — longueur de la dent égale au diamètre intérieur du cylindre. — La courbe intérieure de la grande levée ne peut être décrite d'un rayon égal à celui de la roue, comme on l'a indiqué, attendu que, si on la construisait sur ce rayon, cette courbe ne produirait aucune levée, puisqu'elle se confondrait, sur toute sa longueur, avec la circonférence de la roue passant par la pointe des dents. — Voici comment je détermine cette courbe :

Du centre de la dent à la rencontre des deux circonférences de la roue passant par la pointe des dents, et de l'extrémité de la virgule, dont on a le rayon sur la figure E, je mène une droite *a b*, une autre droite *a c*, formant, avec la première *a b*, un angle de 30 degrés, qui est l'angle de la grande levée ; au milieu de cette dernière *a c*, je mène une perpendiculaire *a e*, prolongée jusque sur le rayon *o a* de la roue, passant par le milieu de la dent ; à la rencontre *e* de ces deux lignes, je place la pointe du compas, et d'un rayon égal à *e a*, je décris une portion de cercle *a i e*; cette courbe formera l'intérieur du grand bras ou levée, et aura la propriété de faire parcourir à la roue des espaces proportionnels à ceux du balancier.

Le point zéro du ressort spiral au milieu des deux levées.

La disposition de cet échappement ne permet des arcs supplémentaires que d'environ 110 degrés de chaque côté, surtout sur le repos extérieur, et qui, joints aux deux levées donnant 60 degrés, formeraient un parcours total de 280 degrés pour l'aller et retour du balancier, dont la moitié ne sera que de 140 degrés pour une oscillation complète. On voit que cette disposition ne permet que des arcs d'oscillation assez restreints.

L'échappement à double virgule est basé sur le même principe que ce dernier, avec cette différence que les deux repos se font dans l'intérieur du cylindre. Cette disposition présente un peu moins de frottement pendant un des arcs supplémentaires; mais son ensemble est d'une telle difficulté d'exécution que très peu d'artistes l'ont abordé ; du reste, il ne présente, comme résultat, aucun avantage sur l'échappement à virgule simple : je crois donc inutile de m'étendre davantage sur sa disposition.

SIXIÈME PARTIE

Des échappements dont l'axe est placé dans une position verticale
par rapport à l'axe de la roue.

Les divers échappements que nous venons d'examiner ont tous, à l'exception de celui à palettes, cette similitude que l'axe de l'échappement est placé parallèlement à celui de la roue. Il existe d'autres dispositions où l'axe de l'échappement est placé dans un plan perpendiculaire à celui de la roue. Quoique ces derniers soient basés sur le même principe et donnent des résultats analogues à ceux que nous avons déjà examinés, je crois néanmoins convenable d'en parler; toutefois je me bornerai à en citer un petit nombre.

On trouve, dans cette disposition d'échappement, des modifications et des formes variées, comme dans les précédents. L'idée première de cette disposition remonte à la naissance de l'horlogerie, puisqu'elle entre dans la composition de l'échappement à palettes, qui date de cette époque; mais les arrangements représentés sur la dernière planche sont plus récents et d'une disposition différente. On attribue à *Enderlin* l'arrangement représenté fig. 33 et 34 et à *Sully* celui représenté fig. 35 et 36. Ces deux dispositions diffèrent en ce que la première porte un disque et deux roues dont l'ensemble forme l'échappement; la seconde porte deux disques et une seule roue.

La disposition d'*Enderlin* se compose d'un disque a, fixé sur son axe b; une partie c e de ce disque (environ 60 degrés) est retranchée vers la circonférence; les deux extrémités de la partie restante se terminent chacune par un plan incliné pratiqué sur l'épaisseur du disque, lesquels plans inclinés reçoivent l'action de deux roues d'un nombre de dents égal et fixés solidairement sur le même axe, comme le représente la fig. 34; ces dents sont alternées de manière que, quand la dent d'une des roues a traversé l'épaisseur du disque et a transmis, dans ce passage, son action sur les plans inclinés, une dent de l'autre roue se trouve en contact avec la surface supérieure du disque sur lequel s'opère le repos des deux roues. On comprendra que, pour éviter les chutes, il faut rendre l'épaisseur du disque égal à la moitié de l'intervalle d'une dent à l'autre d'une des roues (moins le petit jeu nécessaire). Pour la combinaison des nombres, il faut établir le calcul comme s'il n'y avait qu'une seule roue produisant deux oscillations par dent, comme ceux des échappements que nous avons déjà examinés.

La disposition *Sully*, représentée fig. 35 et 36, consiste en une seule roue et deux disques *m, n*, fixés solidairement sur le même axe. Sur chacun de ces disques est pratiqué une encoche *o o*, terminée d'un côté par un plan incliné, comme dans le disque d'*Enderlin*, avec cette différence que les deux plans inclinés sont placés l'un au-dessus de l'autre, comme le représente la fig. 35 (où l'échappement est tourné d'un quart de tour, afin de les faire mieux apercevoir), de manière que la même dent passe successivement d'un plan incliné à l'autre, en faisant préalablement son repos sur la face supérieure de chaque disque. Dans cette disposition il faut, comme dans l'échappement à chevilles, donner aux deux disques réunis, y compris l'intervalle laissé entre les deux pour le passage de la dent, une hauteur égale à l'écartement d'une dent à l'autre, moins le petit jeu nécessaire pour la chute.

On remarquera que ces deux dispositions diffèrent très peu entre elles, et doivent donner, à quelque chose près, les mêmes résultats. Elles présentent l'une et l'autre les inconvénients suivants : au moment du passage (ou du contact de la dent), sur l'un ou l'autre plan incliné, les pivots de l'axe de l'échappement sont poussés alternativement à droite et à gauche dans leur trou, et tendent, par ce mouvement, à une usure plus prompte, de même que la roue et son axe sont poussés à chaque oscillation alternativement à droite et à gauche. Outre que cela nécessite de faire butter les bouts des pivots contre des crapaudines solidement maintenues, il en résulte cet autre inconvénient, que la flexibilité de la roue prise dans ce sens doit faire perdre une partie de l'impulsion, à moins de les tenir épaisses, par conséquent plus pesantes, ce qui serait un autre inconvénient que nous avons démontré ailleurs. Les deux roues adoptées par *Enderlin* me semblent, sous ce point de vue, être déjà un défaut.

On comprendra que, pour avoir la plus grande liberté de rotation, il faut que l'axe de ces échappements soit placé verticalement, et que le bout du pivot inférieur porte sur une crapaudine bien disposée.

L'arrangement d'*Enderlin* permet environ 250 degrés d'arc supplémentaire, de chaque côté; celui de *Sully* environ 300.

Si, pour ces deux échappements, on ne consultait que les dessins de divers ouvrages publiés sur l'horlogerie, il serait impossible d'en comprendre les fonctions ni même de les exécuter : celui d'*Enderlin* a les dents des roues une fois trop écartées et le disque trop ouvert pour l'écartement ou l'épaisseur de deux roues réunies; celui de *Sully* a, au contraire, les dents de la roue une fois trop rapprochées entre elles. Je ne saurais dire si ces erreurs proviennent des auteurs ou si c'est une faute de copiste; en tous cas, j'ai cru convenable d'en rétablir les formes et les dimensions, de manière que chacun puisse les comprendre et les exécuter. Toutefois j'ai conservé la forme primitive des dents, qui, à mon avis, devront être, pour l'une et l'autre, demi-circulaires et semblables à celles de la roue de la fig. 39.

M. Paul Garnier, horloger distingué de nos jours, a modifié d'une manière heureuse les dispositions d'*Enderlin*. Tout en conservant la double roue et son disque, M. *Garnier* n'a conservé de ce disque que la moitié de sa circonférence, et a avancé les deux roues vers l'axe de l'échappement, de manière à attaquer les deux lèvres (au bord du disque) sur la ligne même qui passe par le centre de l'axe. Cette disposition a le double avantage : 1° de ne pas agiter de droite à gauche dans leur trou les pivots de l'axe de l'échappement ; 2° de détruire sur les roues cette poussée latérale dans le sens de leur axe. Par cette raison, les roues peuvent être plus minces, par conséquent plus légères ; ce qui est un avantage pour tous les échappements, et surtout dans les pièces de voyage, auxquelles M. *Garnier* a généralement appliqué cet échappement. Comme dans l'échappement à cylindre et d'autres, M. *Garnier* a placé la presque totalité des plans inclinés sur la surface extérieure des dents, et, par cette raison, a rendu forcément le disque d'autant plus mince. La fig. 37 représente cet échappement en élévation ; la fig. 38 le montre en plan. On remarquera, toutefois, que cette disposition ne permet pas de donner aux arcs supplémentaires une étendue au delà de 160 degrés de chaque côté.

M. Paul de Pons, si honorablement connu dans la fabrication de l'horlogerie et pour l'invention d'un grand nombre d'échappements très ingénieux, a également construit quelques échappements simples d'après les dispositions données par *Enderlin* et *Sully*. Les fig. 39 et 40 représentent une de ces combinaisons.

M. *Pons* est parvenu à composer cet échappement avec un disque et une seule roue dont les dents transmettent les impulsions au balancier sur les deux côtés d'un petit triangle équilatéral suspendu au-dessus du disque, en laissant un intervalle entre le bas du triangle et le dessus du disque, de l'épaisseur de la dent ou de la cheville. Voici comment fonctionne cet échappement.

Pendant les arcs supplémentaires, les dents ou chevilles de la roue sont en contact avec la face supérieure du disque sur lequel elles sont maintenues en repos. Ce disque porte une encoche pratiquée directement dessous le triangle. Lorsque cette encoche se présente sous la dent, cette dernière, ne trouvant plus d'obstacle, se met en mouvement et passe au travers de l'encoche ; la dent suivante tombe et glisse le long d'un des côtés du triangle, lui imprime une impulsion et retombe sur le même disque que la dent précédente vient de quitter et avec lequel elle reste en contact pendant l'aller et le retour de l'arc supplémentaire de ce côté, et ainsi de suite. Comme on le voit, les fonctions de cet échappement sont fort simples.

Au lieu de placer les chevilles sur la circonférence de la roue, on peut les fixer sur le côté; dans ce cas, l'échappement sera placé vis-à-vis des chevilles; l'effet sera le même, seulement les côtés du triangle devront être modifiés en raison de la courbe que décrivent les chevilles. Cette disposition aurait même l'avantage que, pendant les impulsions, la roue et son axe ne seraient pas poussés à droite et à gauche, comme dans le premier cas.

Cet échappement, d'une disposition simple et fort originale, permet des arcs supplémentaires d'environ 330 degrés de chaque côté, et a cela de particulier sur tous les autres, qu'en retirant le ressort spiral on pourrait faire tourner le balancier toujours du même côté, comme le ferait un volant; dans ce cas, l'impulsion se transmettrait à chaque révolution du balancier. Toutefois je ne pense pas que cette dernière condition soit favorable sous le rapport de l'exactitude de la marche.

La fig. 41 représente l'échappement à chevilles, avec les chevilles placées sur la circonférence de la roue, au lieu d'être fixées sur le côté. Cette disposition n'offre rien d'avantageux; au contraire, elle a l'inconvénient de pousser la roue et son axe alternativement à droite et à gauche, comme les premiers indiqués de ce genre; aussi ne doit-on employer cet échappement que quand l'ensemble de la machine ne permet pas de faire autrement.

Ces divers échappements sont construits sur le même principe que ceux déjà développés : 1° l'obliquité des plans inclinés se détermine en raison de l'angle de levée qu'on veut adopter; 2° la hauteur ou l'épaisseur des disques, en raison de l'écartement des dents; 3° les surfaces de repos sont décrites du centre d'oscillation de l'échappement, avec cette différence qu'elles forment un plan perpendiculaire à l'axe, tandis que les premières sont décrites suivant une circonférence dont l'axe est le centre.

Je ferai remarquer que l'angle de levée $r\, s\, t$, fig. 34, est formé ainsi : le côté $s\, r$, naissance du plan incliné, passe dans le plan supérieur, et le côté $s\, t$, fin des plans inclinés, dans le plan inférieur du disque. Ces deux lignes, arrivées au centre de l'axe, se trouvent placées perpendiculairement l'une au-dessus de l'autre, de sorte qu'en construisant le plan incliné jusqu'au centre (en conservant le même angle de levée), il deviendra forcément de plus en plus rapide en se rapprochant vers le centre, par conséquent rentrera dans les mêmes conditions que les échappements dont les axes sont placés parallèlement à ceux des roues.

Pour qu'un échappement ait le moins de frottement possible, surtout pendant les arcs supplémentaires, il faut amener, comme aux précédents, le contact des dents le plus près possible de l'axe de l'échappement.

Les frottements, pendant les arcs de levée, ont un peu plus d'étendue que dans les autres échappements, parce que la dent parcourt le fuyant

suivant une ligne légèrement oblique, comme dans l'échappement à palettes.

Lorsque les dents portent la totalité des fuyants, comme celui représenté fig. 37, on devra augmenter le rayon de la roue qui se termine sur
l'extrémité de la dent (ou ce qui forme le sommet du plan incliné), d'une
quantité égale à l'ouverture de l'angle, au point où le contact de la dent a
lieu sur le fuyant, et rendre la courbe semblable à celle déterminée pour
l'échappement à cylindre, attendu que les mêmes faits se présentent dans
cette combinaison.

On observera qu'en conservant le même angle de levée à l'un ou à
l'autre de ces échappements, et que si, par exemple, on porte au double
la hauteur ou l'épaisseur des disques, on aura un plan incliné une fois plus
rapide, lequel, mû avec la même force motrice à l'extrémité des dents,
transmettra au balancier une impulsion une fois plus forte que dans le
premier cas. Mais ici se présente encore cette condition générale, c'est
qu'il est impossible d'augmenter la hauteur ou l'épaisseur des disques
sans augmenter dans la même proportion l'écartement des dents de la
roue, soit en doublant le diamètre de celle-ci, soit en réduisant de moitié
le nombre des dents; dans ce cas encore, comme je l'ai démontré en parlant de l'échappement *Dupleix*, on perdra sur le diamètre ou le parcours de
la roue ce qu'on aura gagné sur le plan incliné, et *vice versa*.

D'après ces ces diverses démonstrations, on reconnaîtra que tous les
échappements dont la roue transmet l'action au pendule ou balancier par
l'intermédiaire d'un plan incliné sont, en général, dans les mêmes conditions théoriques, et que, sauf les influences produites par les frottements,
les résultats comme impulsion seront toujours les mêmes du moment que
la force motrice restera constante.

Les échappements composés, ayant plusieurs axes soit de roue ou d'é-
chappement à faire mouvoir, rentrent également dans ces conditions théoriques. Comme ces dispositions ont généralement un plus grand nombre
de pièces à mettre en jeu, ces échappements éprouvent évidemment dans
leur marche plus de frottement que ceux décrits précédemment, et comme
dans les échappements composés les chutes sont forcément plus grandes
que dans les échappements simples, à cause du jeu indispensable des
engrenages ou pièces de transmission de mouvement d'un axe à l'autre, il
en résulte que ces sortes d'échappements sont moins avantageux. J'ai cru
convenable de ne pas entrer dans de plus grands développements sur leur
composition, mais seulement d'en dire assez pour que les praticiens se
gardent de trop s'abandonner à ces sortes de combinaisons, car ils n'en
recueilleraient aucun avantage.

J'ai dit, au commencement de ce mémoire que je ne m'occuperais pas,
quant à présent, du principe des échappements libres. Je ferai remarquer,

cependant, que les principaux éléments qui composent la majeure partie de ces échappements, tels que les pièces qui reçoivent l'action des roues pour la transmettre au balancier, comme les ancres, palettes, doigts, etc., rentrent dans les conditions générales traitées dans ce mémoire.

Ainsi, pour la plupart de ces échappements, il ne reste en quelque sorte à examiner que la disposition des pièces qui reçoivent et maintiennent en repos la roue pendant les arcs supplémentaires, ou celles qui permettent à la roue de se remettre en marche. Ces diverses pièces consistent, suivant la combinaison adoptée, en détentes, pieds-de-biche, ressorts, etc. Il serait à désirer que les diverses dispositions employées pour ces sortes d'effets fussent décrites par des artistes plus versés que moi dans la construction de ces espèces d'échappements.

Pl. 10 II.

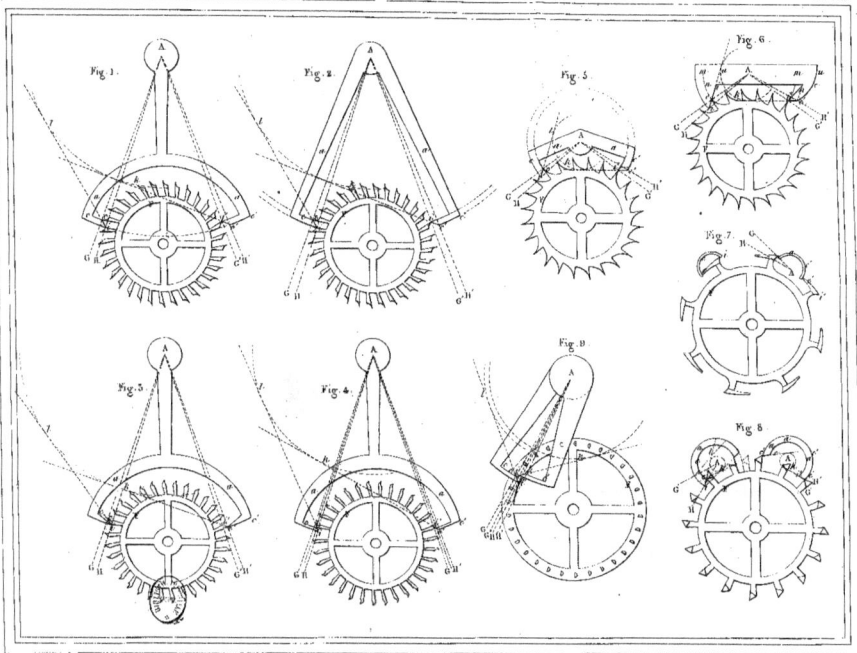

THÉORIE DES DIVERS SYSTÈMES D'ÉCHAPPEMENS SIMPLES EN USAGE DANS L'HORLOGERIE, PAR M.ʳ J. WAGNER, NEVEU.

Pl. 102.

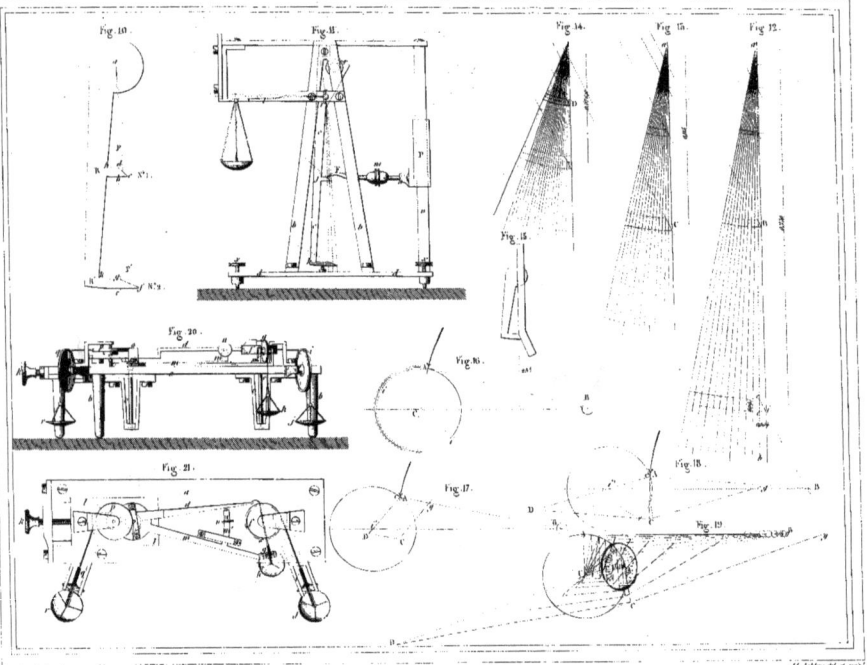

THÉORIE ET PRINCIPES GÉOMÉTRIQUES DE DIVERS ÉCHAPPEMENS SIMPLES EMPLOYÉS DANS L'HORLOGERIE,
PAR M. J. WAGNER NEVEU.

Bulletin de la Société d'Encouragement, N.º DVI, P.ᵉ 38

Pl. 1015.

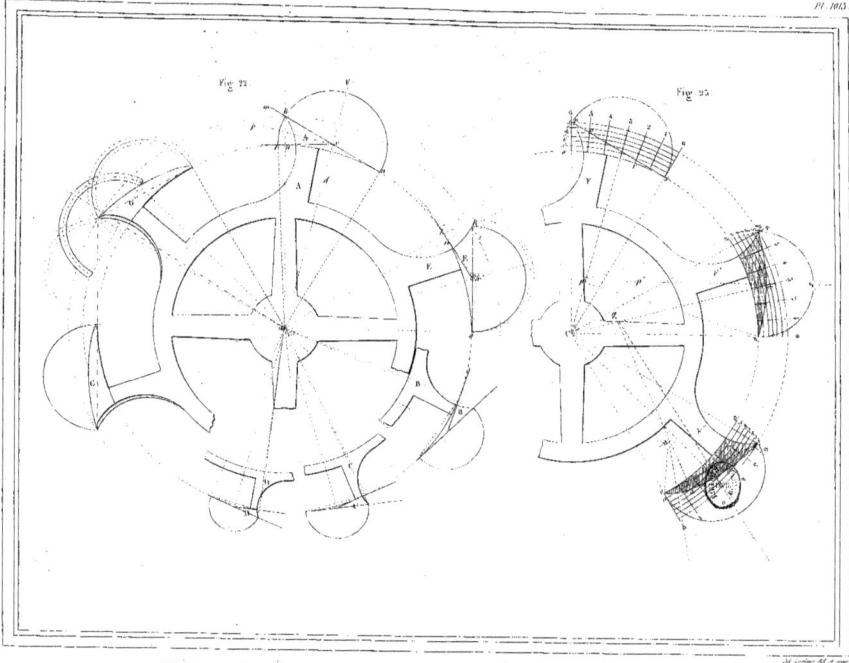

Fig. 72   Fig. 25

THÉORIE DE L'ÉCHAPPEMENT DE MONTRE DIT À CYLINDRE, PAR M. J. WAGNER.

Pl. 104.

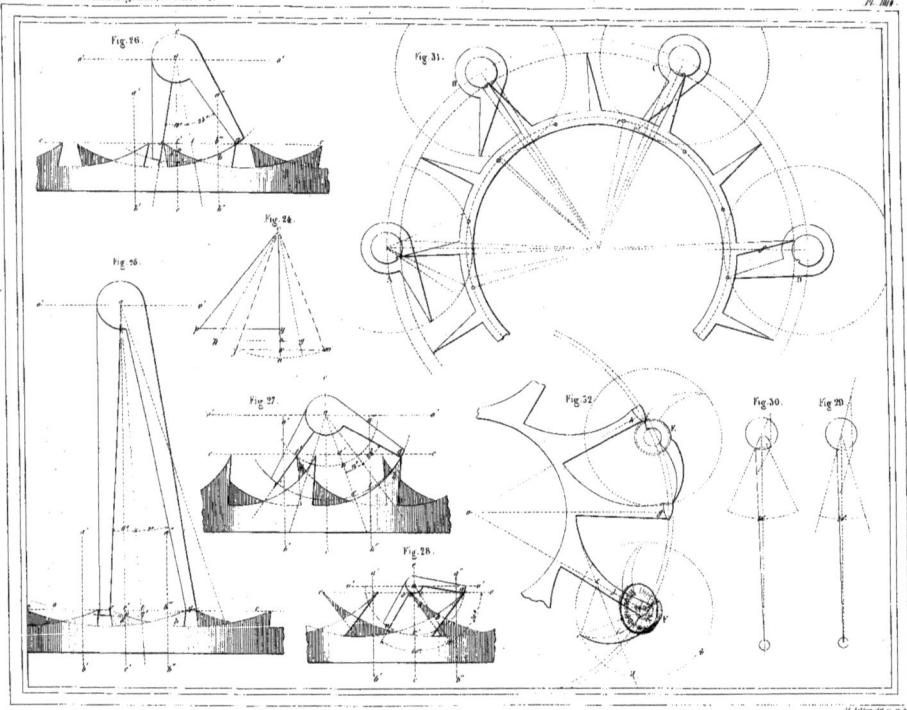

THÉORIE DES ÉCHAPPEMENS À PALETTES, DE CEUX DITS DE DUPLEIX ET DES ÉCHAPPEMENS À VIRGULE, PAR M. J. WAGNER.

Pl. 1015.

Fig. 33.

Fig. 35.

Fig. 37.

Fig. 39.

Fig. 40.

Fig. 34.

Fig. 36.

Fig. 38.

Fig. 41.

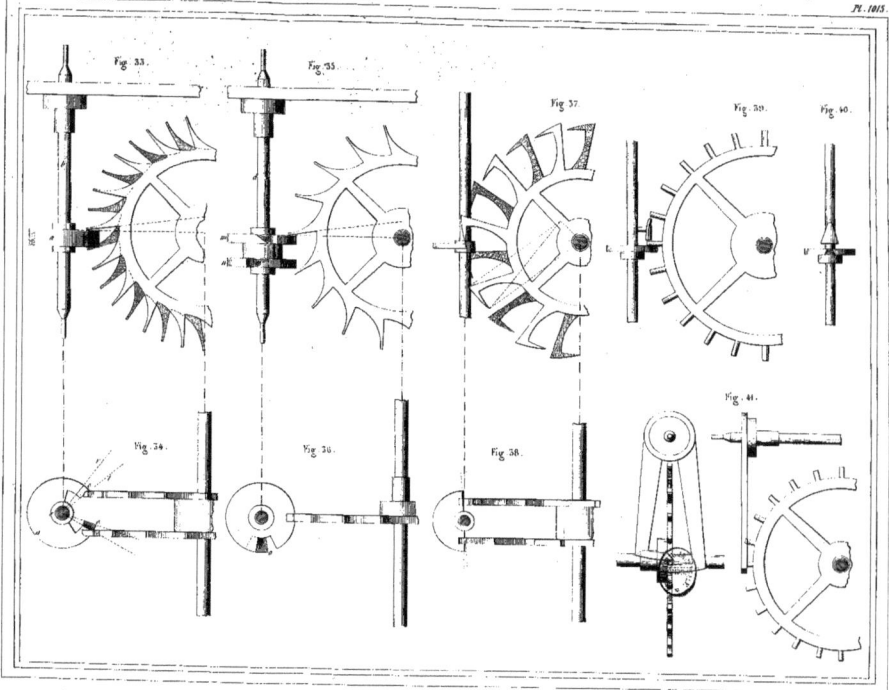

ÉCHAPPEMENS DONT L'AXE EST PLACÉ DANS UNE POSITION VERTICALE PAR RAPPORT À L'AXE DE LA ROUE.

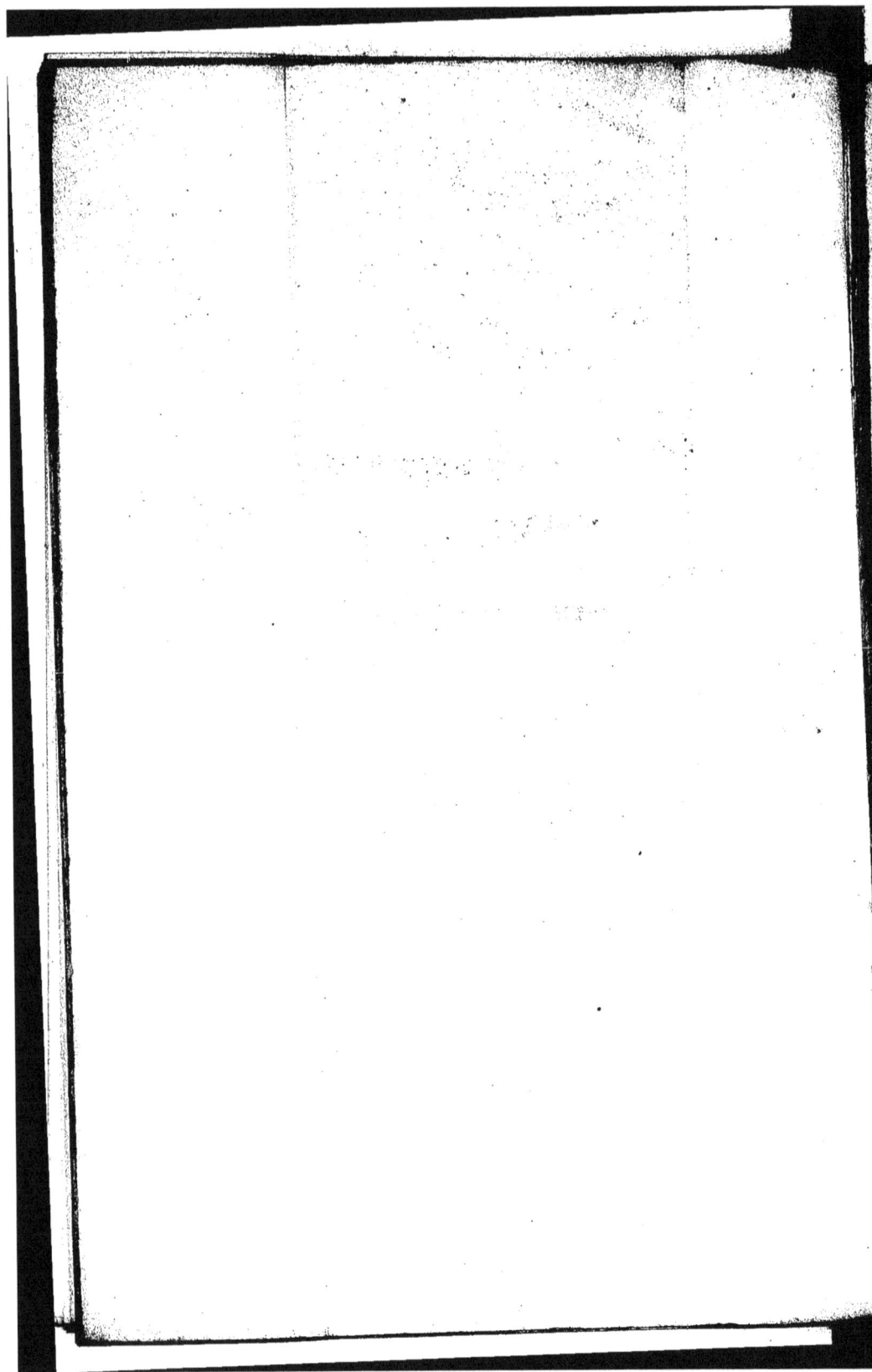

www.ingramcontent.com/pod-product-compliance
Lightning Source LLC
Chambersburg PA
CBHW062027200326
41519CB00017B/4952